Dirk Siefkes

Formale Methoden
und
kleine Systeme

Theorie der Informatik

herausgegeben von Wolfgang Coy

Das junge technische Arbeitsgebiet Informatik war bislang eng mit der Entwicklung der Maschine Computer verbunden. Diese Kopplung hat die wissenschaftliche Entwicklung der Informatik rasant vorangetrieben und gleichzeitig behindert, indem der Blick auf die Maschine andere Sichtweisen auf die Maschinisierung von Kopfarbeit verdrängte. Während die mathematisch-logisch ausgerichtete Forschung der Theoretischen Informatik bedeutende Einblicke vermitteln konnte, ist eine geisteswissenschaftlich fundierte Theoriebildung bisher nur bruchstückhaft gelungen.

Die Reihe "Theorie der Informatik" will diese Mängel thematisieren und ein Forum zur Diskussion von Ansätzen bieten, die die Grundlagen der Informatik in einem breiten Sinne bearbeiten. Philosophische, soziale, rechtliche, politische wie kulturelle Ansätze sollen hier ihren Platz finden neben den physikalischen, technischen, mathematischen und logischen Grundlagen der Wissenschaft Informatik und ihrer Anwendungen.

Bisher erschienene Bücher:

Sichtweisen der Informatik
von Wolfgang Coy et al. (Hrsg.)

Formale Methoden und kleine Systeme
von Dirk Siefkes

Vieweg

Dirk Siefkes

Formale Methoden und kleine Systeme

Lernen, leben und arbeiten in formalen Umgebungen

vieweg

Die Deutsche Bibliothek - CIP-Einheitsaufnahme

Siefkes, Dirk:
Formale Methoden und kleine Systeme : lernen, leben und arbeiten in formalen Umgebungen / Dirk Siefkes. - Braunschweig ; Wiesbaden : Vieweg, 1992
(Theorie der Informatik)
ISBN-13: 978-3-528-05199-0 e-ISBN-13: 978-3-322-84923-6
DOI: 10.1007/978-3-322-84923-6

Der Verlag Vieweg ist ein Unternehmen der Verlagsgruppe Bertelsmann International.

Gedruckt auf säurefreiem Papier

ISBN-13: 978-3-528-05199-0

Für Marie Luise,

Tjark, Jan, Malte, Benjamin

...So komm! daß wir das Offene schauen,
Daß ein Eigenes wir suchen, so weit es auch ist.
Fest bleibt eins; es sei um Mittag oder es gehe
Bis in die Mitternacht, immer bestehet ein Maß,
Allen gemein, doch jeglichem auch ist eignes beschieden,
Dahin gehet und kommt jeder, wohin er es kann.

Aus »Brot und Wein« von Friedrich Hölderlin

INHALT

Vorwort

Wieviele Menschen können an einem Gespräch teilnehmen? Drei, vier, fünf. Darüber wird's schwierig. Darunter wird's ernst: ein Wort unter vier Augen. Auch bei einem Selbstgespräch bin ich noch zu zweit.

Ist die Gruppe größer, bilden sich Strukturen heraus: Es treten Wortführer auf, Untergruppen erscheinen, manche kommen nie zu Wort, werden schweigsam. Bei noch mehr Teilnehmern ergreift man Maßnahmen: Wortmeldungen, Referenten, Arbeitsgruppen; braucht man Hilfsmittel: Rednerlisten, Mikrofone; muß man laut und deutlich reden; lernt man die einzelnen nicht mehr kennen; lernt man nicht mehr, sondern sagt seine Meinung. Je größer die Gruppe, desto größer die Abstände und desto schwieriger die Verständigung. Ich kann nicht einmal denen richtig zuhören, die neben mir stehen.

Die Probleme zu großer Gruppen können auch in kleinen auftreten. Während einer Ehekrise kann man auf einmal nur noch schriftlich kommunizieren; muß man Sprechzeiten festlegen; hört man nicht, was der Partner sagt; kann sich nicht mehr verständigen. Etwas ist zu groß geworden. Ob eine Gruppe groß oder klein ist, hängt nicht nur von der Anzahl ab. Also wovon dann?

Mit festen Formen ermöglichen oder verbessern wir die Verständigung in größeren Gruppen: Jeder kommt mal dran; wir sprechen alle eine Sprache; wir achten uns. Aber Formen erstarren. Aus der Achtung wird Verachtung, als Höflichkeit getarnt. Wir reden in Floskeln. Tuscheln hinter vorgehaltener Hand mit dem Nachbarn. Wieder kommt es nicht auf die Art der Formen an, sondern was wir daraus machen. Wie erhalten wir Formen lebendig?

Wirklich formal verhalten wir uns in Wissenschaft und Religion, in Kunst und Sport – überall da, wo es darauf ankommt, daß viele Menschen sich verständigen. 2 + 2 ist überall 4. Schachregeln sind international. Der Papst ist unfehlbar. Picasso bleibt Picasso. Aber die Formalismen tragen uns nicht, sie stützen uns nur; oder ersticken uns. Wer nicht rechnen kann, hat es heutzutage schwer; aber Mathematik kann man nicht lernen, wenn man Angst davor hat. Glauben befreit den Menschen – Religion ist Opium fürs Volk. Malen ist die beste Therapie – wenn ich mich traue zu malen. Spielen ist schön, aber Fußball macht süchtig.

Wir sind von großen Systemen umgeben. Der große Bruder ist überall. Aber wir leben nur in kleinen Systemen. Wohin wir auch kommen, versuchen wir, uns eine vertraute Umgebung zu schaffen. Wir hängen Bilder auf und schwatzen mit den Nachbarn. Wir versuchen, die Sachbearbeiterin kennenzulernen. Wir entwickeln eine eigene Zeichensprache. Wir lernen den Fachjargon, belächeln den job slang. Überall bauen wir kleine Systeme.

Was sind kleine Systeme? Wie schaffen, erhalten, verlieren wir sie? In den hier zusammengestellten Arbeiten, die ich im Lauf der letzten zehn Jahre geschrieben habe, befasse ich mich mit solchen Fragen aus immer wieder anderen Sichtwinkeln. Ich bin Mathematiker, arbeite in der Theoretischen Informatik; daher geht es mir vor allem um Probleme der Formalisierung. Warum macht es soviel Spaß, formal zu arbeiten, und ist so langweilig, anderen zuzuhören? Wie können wir trotzdem Mathematik lehren und lernen? Können wir mit Computern kommunizieren? Welche Rolle spielt die Phantasie in der Theorie? Gibt es große und kleine Formalismen? Oder woran liegt es sonst, daß sie manchmal fürs Verstehen hinderlich, manchmal hilfreich sind?

Wenn ich Antworten auf diese Fragen nachgehe, setze ich mich mit Wissenschaft allgemein auseinander. Wir Wissenschaftler – Mathematiker und Informatiker an vorderster Front – sind dabei, in atemberaubendem Tempo unsere Welt zu verändern. Und wir haben keine Ahnung, wohin die Reise geht! Wie können wir das verantworten? Wie könnte eine Wissenschaft aussehen, in der wir diese Frage stellen und sie zur Grundlage unserer Arbeit machen können? Oder müssen wir die Wissenschaft aufgeben?

Mich aus der Wissenschaft zurückzuziehen, wäre genauso unverantwortlich, wie sie unbefragt zu betreiben. Wir alle, Wissenschaftler oder nicht, müssen über die Rolle nachdenken, die wir der Wissenschaft in unserer Welt zugestehen wollen. Sollen wir uns zu Hörigen der großen Mutter machen? Oder sollen wir an einer Wissenschaft im kleinen Maßstab bauen, in der es um Menschen geht, die in der Welt leben und weiter leben wollen?

Deswegen wünsche ich mir, daß nicht nur Mathematiker und Informatiker dieses Buch lesen, sondern alle, die es kümmert, daß die Erde immer kleiner wird, aber die Abstände zu anderen Menschen immer größer.

Alle Arbeiten in diesem Band sind unabhängig zu lesen. Natürlich bauen sie aufeinander auf, es gibt Überschneidungen und Wiederholungen, manchmal verweise ich. Für eine erste Orientierung habe ich »Nur kleine Systeme entwickeln sich«, eine Zusammenfassung für eine Konferenz, an den Anfang gestellt. Mehr über die Ursprünge und Entwicklung des Kleine-Systeme-Ansatzes steht in der Einleitung der zeitlich ersten Arbeit »Kleine Systeme«. Um Probleme der Formalisierung geht es im zweiten Teil des Buches, um Theoriebildung im dritten. Den Abschluß bilden zwei kleine Arbeiten, die einen Rahmen darstellen: Ein bisher unveröffentlichter früher Aufsatz zur »Verantwortung des Wissenschaftlers« und eine Skizze über Angst, die überleitet zu der Frage, die mich jetzt beschäftigt, wie wir mit so toten Dingen wie Maschinen und Formalismen sinnvoll umgehen können. Viel Mühe habe ich mir gegeben, durch ein kommentiertes Literaturverzeichnis mit sieben Sachgebieten (Verweise L1 – L7 im Text), die Literatur, die mir wichtig ist, allen Lesern zu erschließen. Mehrere Arbeiten sind in Englisch geschrieben; ich habe sie für diesen Band ins Deutsche übersetzt – leider merkt man es der Sprache an.

Die »Kleinen Systeme« hätte ich nicht gefunden, wenn mich nicht viele Menschen unterstützt hätten; das geht aus den einzelnen Arbeiten hervor. Ausdrücklich danken will ich hier nur: Wolfgang Coy, der mit dem Arbeitskreis zur »Theorie der Informatik« ein kleines System zum Leben gebracht hat, in dem ich meine Stimme finden konnte; Reinald Klockenbusch, der dieser Stimme hier Laut geben will; meiner Frau Marie Luise und unseren vier Söhnen – ohne dieses kleine System hätte ich nicht gewußt, wonach ich suchen soll.

Groß und klein

Nur kleine Systeme entwickeln sich

Wenn wir Systeme entwerfen oder analysieren, ist es nützlich, zwischen großen und kleinen Systemen zu unterscheiden. Ich finde: Ob wir ein System als klein oder groß empfinden, hängt weniger von der »tatsächlichen Größe« als davon ab, wie wir in dem System arbeiten. Berücksichtigen wir Sprache und Wissen, Werte und Wünsche der Beteiligten nicht oder reduzieren sie auf die materialen Dimensionen, so wird das System groß (= übermächtig, unveränderlich), wir partizipieren nur kläglich. Nur in kleinen Systemen bringen die Teilnehmer ihre Persönlichkeit voll ins Spiel und entwickeln sich so zusammen mit dem sich entwickelnden System. Systeme entwickeln sich im Wechsel zwischen Prozeß und Form; nur in kleinen Systemen bleiben wir in keinem der Extreme stecken. Als Konsequenz ergibt sich: Formale Methoden sind hilfreich beim Entwurf kleiner Systeme, in großen sind sie gefährlich.

Kleine und große Systeme

»Get big or get out – Was nicht wachsen will, muß weichen!« »Small is beautiful – Klein aber fein.« Mit dem ersten Satz – Wahlspruch des Landwirtschaftsministeriums der USA aus der Mitte der 70er Jahre – wurden die amerikanischen Farmer bearbeitet, wie Wendell Berry in seinem Buch »The Unsettling of America« [Literatur, Teil L1] berichtet. Das zweite ist der Titel eines Buches von E. F. Schumacher[1], in dem er ökonomische und andere Systeme untersucht, »als ob es auf die Menschen ankäme« (Untertitel des Buches). Der Gegensatz zwischen den beiden Sichtweisen erscheint mir im Systementwurf zentral, und ich ergreife Partei mit zwei *Thesen:*

- *'Groß' und 'klein' ist nicht bloß eine Frage der Ausdehnung, sondern hängt von anderen 'Hinsichten' ab.*
- *Nur kleine Systeme entwickeln sich, große Systeme sind tot.*

Was für Systeme habe ich im Sinn? Ein Arbeitsteam mit Computerunterstützung; eine Gruppe von Mathematikern, die ein Problem erforschen; eine Schulklasse im Physiksaal; eine Familie, die den Garten bestellt. In der wissenschaftlichen Betrachtungsweise, die wir so gewöhnt sind, bestehen solche Systeme aus technischen, menschlichen und natürlichen Komponenten, die durch Kommunikation und andere Formen der Interaktion verknüpft sind. Ich sehe dagegen in jedem solchen System eine Gruppe von Menschen, die gemeinsam einer Aufgabe nachgehen und sich darin durch natürliche oder technische Mittel unterstützen oder behindern lassen. Nur in sozialen Systemen kann ich 'groß' und 'klein' unterscheiden. Ein Ameisenhaufen oder ein Telefonnetz ist für mich nicht groß, und ein Mikrochip nicht klein: Der menschliche Anteil fehlt. Nur durch und für seine menschlichen Teilnehmer kann ein System nützlich oder ärgerlich sein. Ingenieure und Wissenschaftler legen Wert darauf, rein »technische Systeme« zu untersuchen und zu entwerfen: Gebilde aus Geräten und Maschinen; erst im fertigen System ist der Mensch als Benutzer zugelassen. Sie vergessen, daß sie für Menschen bauen und daß nur dadurch das System von Interesse ist.

In der Umgangssprache nennen wir ein Ding 'klein', wenn wir leicht damit umgehen können. Also wähle ich als *Arbeitshypothese:*

- *Ein System ist klein, wenn wir darin mit Leichtigkeit arbeiten.*

Unter dieser Sichtweise hören wir auf – ganz im Sinne des Konferenzthemas »Systementwurf für menschliche Entwicklung und Produktivität« –, gebannt auf

[1] Deutsch »Die Rückkehr zum menschlichen Maß« [L6].

technische Systeme zu starren, und lassen es stattdessen auf die Menschen ankommen.

Als erste Konsequenz postuliere ich *These 1:*

- ***'Klein' und 'groß' sind nicht Eigenschaften eines Systems, sondern wir beschreiben damit, wie wir uns in dem System bewegen.***

Ein zu großes System ist in irgendeiner Beziehung überentwickelt. Wir nehmen es wichtiger als seine Teilnehmer, drängen es zwischen sie und behindern so ihre Kommunikation. Auch in einem zu kleinen System ist die Arbeit beeinträchtigt: Es ist zu wenig entwickelt, das erschwert die Kommunikation, die Abstände zwischen den Teilnehmern sind größer. Ich werde das weiter unten an einem Beispiel verdeutlichen und formuliere als

- ***These 2: 'Klein' und 'groß' sind nicht Gegensätze; in einem kleinen System pendeln wir zwischen den Extremen 'zu groß' (überentwickelt) und 'zu klein' (unterentwickelt).***

Wir sind gewohnt, 'groß' und 'klein' in Anzahl oder Ausdehnung zu messen. Aber ein System, das an Teilnehmern zunimmt, muß nicht groß in meinem Sinn werden. Andererseits kann ein System groß werden, ohne zahlenmäßig zu wachsen; es wandelt sich in anderen Beziehungen, die ich *Hinsichten* nenne. Also entwickle ich These 1 zu

- ***These 3: 'Klein' und 'groß' hängen nicht allein, und nicht einmal direkt, von der zahlenmäßigen Größe, sondern von anderen Hinsichten ab.***

Nach soviel Thesen betrachten wir als Beispiel eine kleine Forschungsgruppe: ein paar Wissenschaftler von unterschiedlichem Status, ein Sekretär, eine Programmiererin, mit Zugang zu allerlei Geräten, vor allem Computern. Das System hat eine feste Größe, nicht zu groß, nicht zu klein. Trotzdem kann es auf alle möglichen Weisen übermäßig oder kläglich sein; schon erscheint es nicht mehr klein, weil die Kommunikation darunter leidet. So kann die Gruppe ärmlich oder überreichlich mit *Mitteln* ausgestattet sein: die Schreibmaschine kaputt, zu viel Geld, eine universelle Theorie, kein Platz. Sie kann nach starren oder unsicheren *Regeln* arbeiten: programmiert wird nur nach der Methode »Hase und Igel«; jeder darf jederzeit das Textsystem ändern oder auf Urlaub gehen oder das Projekt wechseln. *Sprache* und *Wissen* der Teilnehmer kann festgeklopft oder wackelig sein: die Programmiererin stottert an ihren Tasten, die Wissenschaftler verhandeln nur in formalen Ausdrücken oder hohlen Sprechblasen, der Sekretär verwechselt Ablage und Papierkorb. Wie *bewerten* die Teilnehmer ihre Situation?

Sie können gleichgültig sein oder ihre Aufgaben und Mitarbeiter allzu wichtig nehmen, indem sie sie verächtlich oder unterwürfig ansehen. Der *Wille* schließlich ist höchst bedeutsam: Die Teilnehmer – Chef oder Maus – können wild entschlossen sein, hervorragend zu arbeiten, oder aber zu zaghaft.

Was folgt aus den aufgestellten Thesen für das Beispiel? Bleiben die Teilnehmer eines Systems in einer dieser Hinsichten im Extrem stecken, machen sie ihr Vorhaben schwierig, wenn nicht unmöglich. Kennen wir das nicht aus eigener täglicher Erfahrung? Um ein System klein zu halten, brauchen wir einfache Mittel und lockere Regeln, müssen wir vertraut miteinander sprechen und beweglich denken, muß uns aneinander und an der Arbeit gelegen sein, und all das aus freiem Antrieb. Ich kondensiere diese Beobachtungen in das folgende Diagramm.

SYSTEM HINSICHTEN	zu groß (überentwickelt)	klein (angemessen)	zu klein (unterentwickelt)
Mittel	überladen	einfach	ärmlich
Regeln	starr	locker	ungewiß
Worte	fixiert	vertraut	unpassend
Begriffe	schematisch	offen	unklar
Werte	eifernd	sorgsam	gleichgültig
Wille	determiniert	frei	zaghaft

Diagramm 1 der Systembeziehungen.

Als Wissenschaftler sind wir daran gewöhnt, ein System nach seinen Mitteln und Regeln zu bestimmen; falls wir unser Augenmerk auf die Kommunikation richten, beziehen wir vielleicht die verwendete Sprache in die Beschreibung ein. Die übrigen Hinsichten betrachten wir als unwesentliches Beiwerk. Wenn es hochkommt, versuchen wir, die Anforderungen des Benutzers in der »Schnittstelle« zu formalisieren – die tatsächlich einen Schnitt zwischen Benutzer und System legt. Ich behaupte: Alle sechs Hinsichten sind gleich wichtig. Der Wille und die Werte der Teilnehmer sind ebenso Teil des Systems wie Mittel und Regeln. (Genau besehen: Sind nicht die ersteren schwieriger zu ändern, liegen damit tiefer?)

Jetzt komponiere ich aus den drei Thesen eine

- *Definition: Ein System ist klein, wenn es in allen Hinsichten angemessen ist, weder über- noch unterentwickelt.*

Wieder stammt die Terminologie von E. F. Schumacher; er führt das Wort 'angemessen' in dem Buch »Das Ende unserer Epoche« [L6] ein, weil 'klein' so leicht mißverstanden wird. Ich mag 'klein' und 'groß' lieber; es sind kleinere Wörter. Außerdem tendiert ein System, das zahlenmäßig zu groß oder zu klein wird, meist auch in den anderen Hinsichten ins selbe Extrem. Wir alle wissen, wie die Qualität unserer Lehre wechselt, wenn die Hörsäle überquellen oder wenn uns die Studenten weglaufen.

Ich habe die Hinsichten aus alter Tradition übernommen, nach der man mit ihnen die vielen Dimensionen unserer Welt aufspannt; vgl. dazu das Buch »Rat für die Ratlosen« von E.F. Schumacher [L6]. Vielleicht ziehen Sie andere vor. Sie können sie aufsteigend anordnen, von 'niedrig' bis 'hoch'; oder in materiale (Mittel und Regeln), sprachliche (Worte und Begriffe) und transzendentale Hinsichten (Werte und Wille) gruppieren; oder in äußere und innere (die ersten bzw. die letzten drei). Ganz wichtig ist nur, daß alle sechs Hinsichten menschliche Sichten wiedergeben. Für verschiedene Benutzer kann dieselbe Maschinenkonfiguration überladen, einfach oder ärmlich sein; das hängt nicht nur von ihrem Vorhaben, sondern auch von ihrem Wissen und ihren Wünschen ab. Die Adjektive in dem obigen Diagramm umreißen also nicht Systemzustände, sondern sie geben wieder, wie die Teilnehmer sich zueinander verhalten und auf Grund dessen das System wahrnehmen. Ich werde weiter unten das Diagramm vervollständigen, indem ich Verben einfüge, die angeben, wie die Systemteilnehmer handeln; das ist weniger irreführend.

Das Diagramm liefert ein Raster, durch das man die menschlichen Beziehungen betrachten kann, die das System ausmachen. Die Hinsichten sind nämlich zutiefst miteinander verwoben und beeinflussen sich gegenseitig. Wenn ich stottere, werde ich kaum kommandieren; so kann eine unverläßliche Sprache unverläßliche Regeln hervorbringen. Und der Wunsch zu missionieren (starre Werte) drängt mir schematische Begriffe und eine formelhafte Sprechweise auf. So führt Über- oder Unterentwicklung in einer Hinsicht oft zum selben oder entgegengesetzten Extrem in anderen Hinsichten. Deswegen sage ich 'Hinsicht' und nicht 'Dimension': Dimensionen kann man unabhängig voneinander betrachten und ändern. Ich formuliere das als

- *These 4: Ein System, das klein oder groß in einer Hinsicht ist, ist meist klein bzw. groß auch in den anderen.*

Wenn wir ein System unter die Lupe nehmen, müssen wir also alle Hinsichten gleichermaßen ernst nehmen.

In einem kleinen System sind wir nicht durch Über- oder Untermaß eingeengt; deswegen gehen wir ungehinderter miteinander um. Zum Beispiel verständigen wir uns besser und schneller, wenn wir eine verläßliche, aber nicht formalisierte Sprache sprechen. Wir verständigen uns tiefer, wenn wir hinter den Worten der anderen ihre Werte durchklingen hören und auch unsere eigenen Werte zu Wort kommen lassen. Das bringt mich zu der Arbeitshypothese zurück, mit der ich angefangen habe:

- *These 5: In einem kleinen System arbeiten wir besser als in einem großen.*

Was ergibt sich im Sinne des Konferenzthemas aus diesen Vorstellungen für den Systementwurf? Als erste Antwort deute ich zwei Konsequenzen aus der vierten These an:

Wenn wir ein System auf gewisse Hinsichten reduzieren, wird es groß; denn wird eine Hinsicht ausgespart, so ist sie sicherlich nicht angemessen behandelt. Wenn wir also »Systeme für die menschliche Entwicklung und Produktivität entwickeln« wollen, reicht es nicht aus, die Fähigkeiten, Bedürfnisse und Wünsche (die letzten vier Hinsichten) der Teilnehmer – Benutzer und Entwickler – zu analysieren und dann in den mechanischen Teil des Systems (die ersten beiden Hinsichten) einzubauen. Das ist immer noch besser, als ein System um des Systems willen zu entwerfen; aber es reduziert das System auf Mittel und Regeln und macht es damit groß.

Wenn wir ein System untersuchen, das zu groß oder zu klein geworden ist, müssen wir alle Hinsichten betrachten und die ausfindig machen, die wir am besten ändern können, so daß die anderen sich anschließen. Manchmal müssen wir ein System einfach halbieren und die Mitglieder herausfinden lassen, wie sie miteinander und mit der anderen Hälfte umgehen – und schon läuft es besser. Manchmal kann keine Ingenieurskunst etwas ausrichten; die beteiligten Menschen müssen ihr Verhältnis zueinander und zu ihrer Arbeit ändern.

Meine Vorliebe für kleine Systeme ist offensichtlich. Ich beweise Ihnen nicht, daß sie besser sind; andererseits predige ich auch nicht. Wollte ich mit einer ausgefeilten, moralisch oder wissenschaftlich überzeugenden Theorie über Sie herfallen, so wäre das typisches Große-Systeme-Denken. Ich lasse traditionelle Wissenschaft und Religion nur eingeschränkt gelten, »als ob es auf die Menschen ankäme«. Wollen Sie mehr über eine solche *humanistische Wissenschaft* wissen, lesen Sie in Büchern wie »Wiederverzauberung der Welt« von Morris Berman, »Wider den Methodenzwang«, »Erkenntnis für freie Menschen«, »Wissenschaft als Kunst« von Paul Feyerabend [alle in L6], »Die Selbstorganisation des Universums« von Erich Jantsch und »Dialog mit der Natur« von Ilya Prigogine und Isabelle Stengers [beide in L2], um nur ein paar zu nennen. Das Beiwort 'humanistisch' entlehne ich von Markku Nurminen »People or Computers: Three Ways of Looking at Information Systems« [L6]. Mehr über 'klein' und 'groß' finden Sie in meinen anderen Aufsätzen in diesem Buch.

Evolution und Kleine Systeme

Die Alltagserfahrung lehrt es uns: Große Systeme sind starr, kleine Systeme ändern sich ziemlich schnell. Wenn uns also die Entwicklung von Systemen am Herzen liegt, können wir uns fragen, ob die Einteilung des ersten Abschnitts uns hilft, die evolutionären Fähigkeiten von Systemen zu verstehen. Da habe ich viel von Gregory Bateson aus seinen Büchern »Ökologie des Geistes« und »Geist und Natur« [L2] gelernt. Die Entwicklung eines Systems beschreibt er als eine Zickzackbewegung zwischen Form und Prozeß:

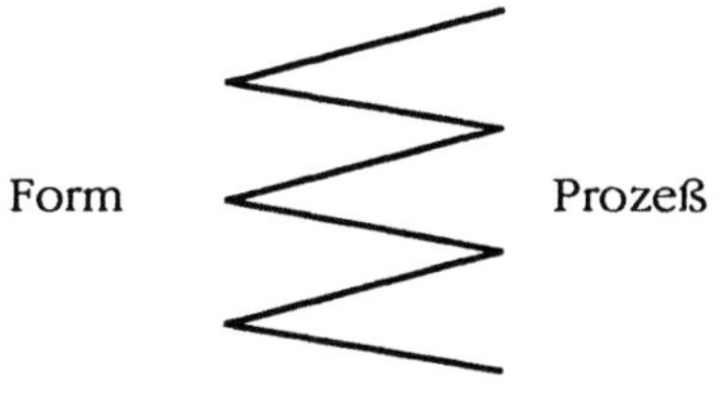

Die *Form* eines Systems ist alles, was feststeht: Maschinen, Regeln, Sprache, Begriffe, unsere Ideen, Zu- und Abneigung, unsere Haltung oder Einstellung. Die Form enthält die Geschichte des Systems und ist so sein Gedächtnis.[2]

Ein *Prozeß* ist alles, was sich in einem System bewegt: Wir tun unsere Arbeit, wir kommen und gehen, reden und denken, bringen unsere Vorstellungen, Wünsche und Befürchtungen ein; unsere Haltung wechselt, wir werden müde, unsere Sprache zerbröselt, die Regeln zerfasern, die Maschinen zerbrechen, wir sterben.

Wie *entwickelt* sich ein System? Vertraut mit technischen Systemen könnten wir meinen, das System sei Form und seine Entwicklung Prozeß. Aber dabei schneiden wir das System mittendurch. Ein System besteht aus beidem, aus Form und Prozeß, und es entwickelt sich im Wechsel zwischen Form und Prozeß, Prozeß und Form: Lernend (Prozeß) bauen wir (Prozeß) Gedächtnis und

---

[2] Siehe die Dissertation von Reinhard Keil-Slawik [L5].

Fähigkeiten (Form) auf; diese Formen lassen uns neue Dinge tun (Prozeß); langsam passen die Formen nicht mehr zu dem, was wir tun, neue Zustände (Form) treten auf; und so weiter. Deswegen hat das Zickzack eine nicht umkehrbare Richtung, es ist eine Stufenleiter, nicht nur eine Folge von Stangen zwischen Pfosten. Die Wendepunkte an den Pfosten sind genauso wichtig wie die Stangen selbst; deswegen wäre eine Spirale ein besseres Bild als die Leiter. Die Spirale deutet auch an, daß in lebenden Systemen die Zeit sich zyklisch vorwärtsbewegt.

Was hat die Spirale mit kleinen Systemen zu tun? Aus der Diskussion im ersten Abschnitt ziehe ich den Schluß, daß jede Hinsicht eine Spirale für sich hat: Mittel sind die Form, die wir brauchen, um überhaupt etwas zu tun; Regeln sind die Form fürs Befehlen und Gehorchen, Worte und Begriffe fürs Denken und Sprechen, Werte für Gefühle, die durch Geschichte in Form gekommen sind; der Wille schließlich ist die Form, in der wir leben und sterben.

Diese Spiralen hängen ineinander, wie wir in der Diskussion über kleine Systeme sahen: In jedem System schwingen wir in vielen Spiralen, die Erregungen übertragen sich. Geschmeidigkeit oder Starre in einer Spirale erhöht oder vermindert ganz schnell die Beweglichkeit in den anderen. Unsere nächste Vermutung könnte daher sein: Kleine Systeme sind Prozesse, große Systeme sind Form. Manche Menschen betonen die Formen, wir nennen sie konservativ; andere betonen die Prozesse, wir nennen sie progressiv. Aber das klappt nicht. 'Klein' ist keine Eigenschaft, kein Gegensatz zu 'groß', sondern beschreibt, wie wir zwischen 'zu groß' und 'zu klein' hin- und herschwingen (Thesen 1 und 2). Deswegen müssen wir die kleinen Systeme in die Mitte zwischen 'Form' und 'Prozeß' schieben (die in Batesons Leiterdiagramm leer bleibt). Übergewicht an Form macht das System zu groß (übermäßig), Übermacht der Prozesse macht es zu klein (unterentwickelt); pendelnd zwischen den Extremen halten wir das System klein (angemessen).

Prozesse sind flüchtig, schwierig zu bändigen. Daher sind wir gewöhnt, wenn wir ein System entwerfen, seine Form festzuklopfen und zu beten, daß die Prozesse richtig laufen mögen. Selbst wenn wir alle Hinsichten berücksichtigen, wird dabei das System groß und kann sich nicht entwickeln. Werfen wir umgekehrt die Leute ins tiefe Wasser und lassen sie schwimmen, erstarrt das System: Keiner hat Grund, sich abzustoßen. Wir müssen schon abwechselnd auf Form und Prozeß achten.

Christiane Floyd unterscheidet zwei Sichtweisen im Software-Engineering: die produkt- und die prozeßorientierte. Aus dem produktorientierten Blickwinkel richten wir unser Augenmerk auf das Programm, das wir entwickeln wollen, und gehen demgemäß vor: Wir übersetzen die Aufgabe in funktionale Anforderungen, die wir dann Schritt für Schritt mit formalen Methoden verfeinern. Aus dem prozeßorientierten Blickwinkel schauen wir auf die Arbeitsaufgaben der Betroffenen und entwerfen das System so, daß sie darin durch Software-Komponenten unterstützt werden. Christiane Floyd kombiniert beide Methoden in ihrem zyklischen Modell zum Software-Entwurf, nach dem ein System immer wieder abwechselnd entworfen und getestet wird.[3] Benutzer und Entwerfer arbeiten in jeder dieser Phasen eng zusammen; sie tauschen ihre positiven und negativen Erfahrungen in einer für beide Seiten verständlichen, also nicht formalen Sprache aus. Diese Vorgehensweise bringt alle Hinsichten ins Spiel und ermöglicht ihnen so, kleine Systeme zu schaffen. In kleinen Systemen haben alle Beteiligten feste Rollen, die sich mit dem sich entwickelnden System wandeln. In großen Systemen sind die Rollen von außen zugewiesen und werden starr beibehalten oder – aus der Innensicht – abrupt geändert.

Jetzt sehen wir, warum im ersten Abschnitt die Hinsichten so vieldeutig wirkten. Beziehen sie sich auf die Formen oder auf die Prozesse im System? Die Adjektive in dem Diagramm der Systembeziehungen beschreiben keine Systemzustände, aber sie besagen auch nicht, was geschieht. Die Hinsichten sind menschliche Dimensionen, durch die deutlich wird, wie die Teilnehmer miteinander umgehen – innerhalb der gegebenen Formen, die sich dabei langsam ändern. Um diesen Punkt zu betonen, ersetze ich in Diagramm 1 die Adjektive durch Verben, die zeigen, welche Verhaltensweisen das System in Extreme stoßen können.

SYSTEM HINSICHTEN	zu groß (überentwickelt)	klein (angemessen)	zu klein (unterentwickelt)
Mittel	mechanisieren	tun	verhunzen
Regeln	regulieren	spielen	fummeln
Worte	formalisieren	sagen	schwatzen
Begriffe	schematisieren	denken	spinnen
Werte	missionieren	sich kümmern	ignorieren
Wille	automatisieren	leben	aufgeben

Diagramm 2 der Systembeziehungen.

[3] Das Projekt ist Teil des STEPS-Programms an der Technischen Universität Berlin, »Software-Technik für Evolutionäre Partizipative Systeme«. Man vergleiche dazu ihre Arbeiten in [L5], teilweise gemeinsam mit anderen, »Adapting Software Development for Systems Design with the User«, »Outline of a Paradigm Change in Software Engineering« und »STEPS in Software Development with Users«. Mit dem Namen STEPS bezieht sie sich auf das Buch von Gregory Bateson [L2], dessen Originaltitel »*Steps to* an Ecology of Mind« ist.

3. Schlußfolgerungen und Anwendungen

Von Bateson habe ich gelernt, daß es kleine Systeme nicht ohne die großen gibt. Ich kann nicht klein *bleiben*, wenn ich *klein* bleiben will. 'Klein' ist nicht die goldene Mitte zwischen 'zu klein' und 'zu groß'. Ich muß mit Maschinenparks und Regelwäldern, mit Begriffs- und Wortgebäuden leben; ich muß mich sogar an sie halten und sie benutzen. Meine Arbeit – einschließlich der verrückten und der kreativen – kann nur in vorgegebenen Formen ablaufen. Und nur im Gebrauch nutzen sich die Formen ab und verfallen und müssen und können schließlich ersetzt werden. Evolution verläuft nur durch Stufen von 'zu klein' und 'zu groß'. Wir müssen *Systeme für Leben und Tod entwerfen*, nicht für die Ewigkeit. Jeder Mechanismus geht irgendwann in die Brüche, und nur ein zusammengebrochener Mechanismus zwingt uns, kreativ zu sein. *Nur kleine Systeme entwickeln sich*.

Kleine-Systeme-Denken steht daher nicht im Gegensatz zur *Automatisierung*. Ein Prozeß wird Form, eine Erfahrung wird Erinnerung und kann dann automatisch aufgerufen und wiederholt werden. Auf diese Weise schaffen wir »signalkontrollierte Systeme« als stumme Diener innerhalb eines »kreativen Systems«, um die Terminologie von Klaus Fuchs-Kittowski und Bodo Wenzlaff in ihrer Arbeit »Systems, and Form, Content, and Effect of Information« [L5] zu benutzen. Wir zahlen einen Preis: Wir verlieren Freiheit; aber ohne die Diener geht es nicht. So sind Automatisierung und Entwicklung tief verstrickt. Beide müssen aber innerhalb des Systems geschehen. Der Wunsch nach Automatisierung und die Erfahrung, auf die er zurückgeht, müssen von den Systemteilnehmern kommen. Wenn wir von außerhalb automatisieren, brechen wir die Traditionen des Systems, wir reduzieren die menschlichen Aspekte auf materiale. Nur wenn wir von innen heraus automatisieren, können die Mittel und Regeln (wie zum Beispiel Rechner und Theorien) Werkzeuge statt Maschinen sein. Ich wähle das als Definition: Wir machen ein *Werkzeug* zur *Maschine*, wenn wir das System beim Umgang damit nicht klein halten können. Reinhard Keil-Slawiks KOSMOS[4] soll in eben diesem Sinn ein Werkzeug zur Gestaltung kleiner Systeme sein. Nur wenn wir beim Automatisieren das System klein halten, können wir uns weiterhin über das gesamte System hin verständigen. Wenn wir es groß werden lassen, lenken wir die Kommunikation in automatisierte Kanäle und blockieren Veränderungen.

Die alten Darstellungen der Evolution, wie zum Beispiel die Schöpfungsgeschichte in der Bibel, sind Mythen, in denen die Menschen mit ihrem entste-

---

[4] Aus seiner Dissertation »KOSMOS - Ein Konstruktionsschema zur Modellierung offener Systeme als Hilfsmittel für eine ökologisch orientierte Softwaretechnik« [L5].

henden (Selbst-) Bewußtsein fertig zu werden suchen.[5] Ähnlich spiegeln heute unsere *Evolutionstheorien* unsere Auseinandersetzung mit einer materialistischen Weltsicht. Keine dieser Darstellungen ist »objektiv« wahr oder falsch. Eher zeigen sie, wie tief wir in jeder Wissenschaft in das verstrickt sind, was wir in der Wissenschaft tun: Unsere Evolutionstheorie hängt davon ab, wie wir die Dinge sehen, auf große oder kleine Weise. Das macht sie nicht »subjektiv«, da wir umgekehrt davon abhängen, wie die Evolution verläuft, damals und jetzt; wir sind ihr Produkt. Alle kleinen Systeme sind menschlich; die Menschen draußen zu halten, macht die Systeme groß: abstrakt, irreal. Wir müssen Systeme als menschliche Systeme entwerfen.

Eine *formale Methode* – in der Mathematik, beim Programmieren, beim Systementwurf – ist für sich genommen kristallisierte Form. Benutzen wir sie ängstlich oder anmaßend, weil wir sie nicht verstanden haben, so ruinieren wir das System, und unser Nichtverstehen überträgt sich auf die anderen. Nur wenn wir der Methode wirklich vertrauen, können wir sie als Werkzeug im obigen Sinn nutzen. Nehmen wir als Beispiel die *Mathematik*: Wir halten einen Satz für wahr, wenn wir einen korrekten Beweis gesehen haben; aber dann haben wir den Satz noch nicht verstanden. Wir müssen ihn auf unsere Augenhöhe herunterholen, indem wir ihn zu widerlegen oder zu erweitern oder anzuwenden suchen; auf diese Weise finden wir unseren eigenen Beweis. Nur dann kann uns der Satz in neuen Situationen helfen, das System entwickelt sich. Auch ein langer Beweis zeigt, daß wir die Situation nicht richtig verstanden haben. Wir müssen ihn zerlegen, indem wir neue Begriffe, Konstruktionen und Hilfssätze einführen, die für sich sinnvoll und daher verständlich sind. Auf diese Weise nutzen wir formale Methoden, um ausgedehnte Bereiche, die uns vertraut geworden sind, in knappe Formen zu bringen, die wir ihrerseits formal oder halbformal kombinieren. Das ist gute mathematische Tradition: Wir kommen im Verstehen nur Stufe für Stufe voran. Formale Methoden sind nützlich, ja unentbehrlich, um Systeme klein zu halten, wenn wir sie nur nicht auf große Weise benutzen.

Formale Beweise sind nicht gemacht, etwas zu beweisen, sondern unser Verständnis zu verbessern. Imre Lakatos malt das in seinem Dialog »Beweise und Widerlegungen« [L6] wunderschön aus. Aus der Kleine-Systeme-Sicht kann ich einen mathematischen Formalismus nicht absolut nehmen. Ich muß ihn in meinen verschiedenen kleinen Systemen unterschiedlich bewerten, wenn sie sich entwickeln sollen. Für meine Kollegen, meine Studenten, meine Kinder, immer

---

[5] Man vergleiche das Buch von Julian Jaynes »The Origin of Consciousness in the Breakdown of the Bicameral Mind« [L2].

muß ich denselben Formalismus anders verwenden. Ja, ist es denn derselbe? Wenn ich ihn konstant zu halten versuche, wandelt er sich von einem Werkzeug in eine Bürde, in ein Gefängnis. In kleinen Systemen können wir auf ganz unterschiedliche Wahrheiten kommen. Deswegen haben wir in vielen Sprachen die beiden Adjektive 'wahr' und 'falsch', aber kein eigenes Verb für 'die Wahrheit sagen' – nur für die verschiedenen Negationen davon: lügen, beweisen, predigen, schwatzen, schweigen.

In der *Software-Entwicklung* scheint es anders zu sein. Letzten Endes müssen wir das Programm der Maschine füttern (!), müssen es also absolut formal machen. Aber ebenso wie in der Mathematik sind formale Methoden auch hier nur in kleinen Systemen von Nutzen. Wenn wir beweisen wollen, daß ein Programm korrekt ist, brauchen wir ein formales Modell, um überhaupt etwas beweisen zu können; das Problem, formalisieren zu müssen, ist also nur verschoben. Außerdem ist es ermüdend, einen langen formalen Beweis durchzuführen, weil wir uns dazu auf die Maschinenebene begeben. Daher sind Fehler im Beweis noch wahrscheinlicher als im Programm. Die Idee gar, das Schaffen von Korrektheitsbeweisen für große Systeme zu automatisieren, wird den meisten Mathematikern nur ein müdes Lächeln abringen. Systementwürfe dagegen wechselseitig zu kritisieren oder jedes andere Verfahren, das Gruppenaktivität erfordert, bringt die ganze Skala menschlicher Fähigkeiten zum Klingen und trägt so dazu bei, das System klein zu halten. Es gibt keinen besseren Weg, ein Programm zu verstehen, als den Versuch, es jemandem zu erklären.

Dasselbe gilt für *formale Spezifikation*. In kleinen Systemen ist die Methode hilfreich; aber große Systeme macht sie noch größer. Programmieren ist mehr, als ein Problem mit einem wohldokumentierten Programm zu lösen, schreibt Peter Naur in seiner Arbeit »Programming as Theory Building« [L5]. Programmieren bedeutet, eine Theorie aufzubauen – eine Theorie, die aus Wissen und Fähigkeiten besteht, die auf die Situation und das Programm Bezug haben. Die Theorie steckt in den Menschen, die das Programm geschrieben haben, und ist daher nur teilweise fomalisierbar. Ein Softwaresystem lebt – und kann sich daher entwickeln – nur zusammen mit den Menschen, die es entworfen haben. In der Terminologie der kleinen Systeme: Ein System, auf die Dimension 'Worte' reduziert, ist tot.

Formale Methoden als Selbstzweck sind für jede Art wissenschaftlicher Betätigung gefährlich. Paul Feyerabend mißtraut den Wissenschaftlern aus historischer Erfahrung und fordert in seinem Buch »Erkenntnis für freie Menschen« [L6], sie durch aktive Bürger überwachen, ja beschäftigen zu lassen. Beim Systementwurf dürfen wir formale Methoden nur für die Maschinen-Komponenten anwenden.

Welche Bereiche wir automatisieren und daher formalen Methoden unterwerfen wollen, müssen wir nicht-formal herausfinden, unter Bezug auf das ganze System. Aldo Leopold, der in den 30er Jahre die Wissenschaft 'Ökologie' ins Leben gerufen hat, nennt dieses Sich-Einbetten in das Gesamtsystem »Denken wie ein Berg«. Nehmen wir irgendeinen Teil des Berges weg – sei es Bär oder Unkraut –, kann das System zerbröckeln. Lesen Sie sein Buch »A Sand County Almanac« [L1].

Ich danke Christiane Floyd, Reinhard Keil-Slawik und Bodo Wenzlaff für Kleine-Systeme-Diskussionen.

Kleine Systeme

Außer den Fachveranstaltungen zur Theoretischen Informatik führe ich seit mehreren Semestern mit Informatik-Studenten Seminare zur »Literatur kleiner Systeme« durch. Wir erarbeiten Bücher wie »Walden« von Thoreau, »Walden Two« von Skinner, »Small is Beautiful« von Schumacher, »Zen and the art of motorcycle maintenance« von Pirsig. In dieser Arbeit will ich die gewonnenen Erfahrungen an der Frage verdeutlichen: »Wer kann mit gutem Gewissen Informatik lehren oder lernen?« Die Kommunikation in einem System wird bestimmt durch die verwendeten Hilfsmittel und geltenden Regeln, aber weiter durch das Wissen über die Kommunikation, den Willen zur und die Bewertung der Kommunikation. Ein kleines System ist in allen fünf Bestimmenden klein zwischen den beiden Extremen des Übermaßes und des Mangels. Da die Extreme die Kommunikation erschweren, ist diese in kleinen Systemen dichter als in großen. Rechnergestützte und andere technische Systeme beschreibt und steuert man durch ihre Mittel und Regeln. Die Kommunikation des Menschen mit solchen Systemen wird dadurch auf die ersten beiden Komponenten reduziert, das System wird groß, die Kommunikation arm. Das gleiche gilt für jede Art wissenschaftlichen Vorgehens. Mit gutem Gewissen kann ein Informatiker mit verändertem Bewußtsein arbeiten, an und in kleinen Systemen.[6]

---

[6] Die Grundlage dieser Arbeit entstand während eines achtmonatigen Forschungsaufenthaltes 1979/80 an der Purdue University, Indiana, USA. Ich danke der Stiftung Volkswagenwerk für ein großzügiges Reisestipendium, mit dem sie meiner Familie und mir den Aufenthalt ermöglichte.

Inhalt

Die Aufgabe

Meine Frage nach 'klein' und 'groß': in der Mathematik, in »Literature of Ecology«, im Alltag, in der Informatik.

Das Beispiel der Lehrveranstaltungen

Zusammenhänge zwischen der Teilnehmerzahl und fünf anderen Parametern einer Lernsituation: Hilfsmittel, Organisation, Kenntnis, Antrieb, Einstellung.

Die Analyse

Systeme, kommunizieren, kleine (angemessene) und große (unmäßige, maßlose) Systeme, dichte und magere Kommunikation, Schema der Analyse (die fünf Bestimmenden in kleinen und großen Systemen), zwei Mißverständnisse (Analyse wertfrei oder überbewertet, kleine Systeme, der goldene Mittelweg).

Werkzeuge und Maschinen

Technische Systeme, Vorgang der Automatisierung, record playback und numerische Steuerung, Automatisierung in kleinen Systemen, Werkzeuge und Maschinen.

Noch einmal Lehrveranstaltungen

Automatisierung des Lehrbetriebs am Rechner, konventionelle Lösung und Lösung im kleinen System, drei Einwände.

Wissenschaft

Die Marxsche Analyse der Arbeit, durch Entfremdung in einer der Bestimmenden wird das System groß, die Abstrakta der fünf Bestimmenden, Wissenschaft im kleinen System, Wissenschaft ohne gesichertes Wissen?

Eigenschaften kleiner Systeme

Dichte Kommunikation, wohlstrukturiert und veränderlich, Einheit, offen, vielfache Mitgliedschaften, Qualität.

Analyse der Analyse

Gegensätze: Positive und negative Wertung eines Gegensatzes, Aufspalten der Bestimmenden im Schema der Analyse, Gegensätze als Kreis. Zusammenhänge zwischen den Bestimmenden: Kopplung, Ausgleich (trade-off), Stufung. Kommunikation zwischen Systemen: Systeme von Systemen groß oder klein?, Abhängigkeit von der großen Umgebung, Kommunikation im Ameisenhügel und Gehirn, Determiniertheit und Zufall. Systeme als sprachliche Einheiten: Systeme durch die gemeinsame Sprache definieren, Größe und Formalisierung von Sprache.

Ökologische Literatur

Natürliche Systeme groß oder klein?, Naturbeobachtung und ökologische Bücher, unsere Beziehung zur Natur, ökologisches Bewußtsein, menschliche Sprache als kleines System?, Übersetzungen.

Die Synthese

Meine Arbeit an der TU Berlin: Seminare »Literatur kleiner Systeme«, die Kleine-Systeme-Gruppe, warum schöne Literatur?, klein ist schöner.

Die Aufgabe

In dieser Arbeit will ich eine Antwort geben auf Fragen, die in ganz verschieden Gegenden meines Lebens und Denkens entstanden sind. Die Fragen lauten im jeweiligen Zusammenhang: Was ist groß, und was ist klein?

In der Mathematik benutzt man das Unendliche als Hilfsmittel, um große Probleme zu behandeln. In Entscheidungsverfahren für mathematische Theorien, lernte ich, reduziert man Aussagen über unendliche Bereiche in effektiver Weise auf Aussagen über endliche Bereiche. Die anfallenden Bereiche sind zu groß, als daß man die Verfahren praktisch verwenden könnte. Was ist »zu groß«? 'Endlich' und 'unendlich' sind sauber getrennt, 'groß' und 'klein' sind mathematisch nicht erfaßt. »Die Tonleiter steigt auf wie die natürlichen Zahlen, aber sie ist nicht unendlich; zu hohe Töne sind für uns unhörbar. Wir brauchen eine Zahlentheorie, in der die zu großen Zahlen verschwinden«, sagte Paul Bernays in einer Diskussion über endliche Zahlentheorien.[7] In der Komplexitätstheorie, lernte ich später, mißt man Größe als Aufwand: ein Problem ist praktisch lösbar, wenn es einen Algorithmus mit vertretbarem Aufwand dafür gibt; 'zu groß' ist 'zu teuer'. Dabei ist die algorithmische Komplexität für unendliche Probleme definiert, die algebraische für endliche. Gibt es eine Verbindung zwischen beiden Ansätzen? Und können wir die unendliche Stufung von Komplexitäten, die beide Ansätze liefern, besser strukturieren als die natürlichen Zahlen, 'groß' und 'zu groß' klarer unterscheiden?

Während zweier Forschungsaufenthalte an der Purdue University haben meine Frau und ich in Seminaren zur »Literature of Ecology« bei Jan Wojcik mitgearbeitet. Wir lasen Bücher wie »Walden« von Henry David Thoreau, »Sand County Almanac« von Aldo Leopold, »Pilgrim at Tinker Creek« von Annie Dillard und hatten Tagebuch zu führen über ein trostloses Waldstück im Botanischen Garten.[8] Wir lernten, daß Bäume eine Wintergestalt haben und daß die vielen Äste einer Hemlock-Tanne eine Einheit, eben den Hemlock, bilden auf eine ganz andere Weise als die vielen gleichförmig angepflanzten Bäume das Waldstück. Wenn die natürlichen Zusammenhänge wegfallen, wird etwas Kleines sehr schnell unübersehbar, zu groß. Versagt dort die Mathematik: zerstört Zählen die Zusammenhänge?

Ich erlebe 'groß' und 'klein' immer stärker im täglichen Leben: Die 50 Teilnehmer einer kleinen Vorlesung können vielleicht zusammenfinden: zueinander,

---

[7] Siehe die Arbeiten von Esenin-Volpin und Ehrenfeucht im Literaturverzeichnis, Teil [L5].

[8] Die Kursteilnehmer haben jeweils als Kursprojekt ein Heft mit Auszügen aus den Tagebüchern herausgegeben, siehe die Hefte von Jan Wojcik. Alle zitierte Literatur in [L1].

zum Dozenten, zum Stoff. Zu 500 kann ich nicht mehr sprechen, nur deklamieren. Je größer die Gruppe, desto dünner wird die Kommunikation. Organisation hilft in Grenzen; zu viel Verwaltung schluckt mehr als sie gibt. Aber auch in der ganz kleinen Umgebung, in der Familie oder in der gemeinsamen Forschung, können leicht die Zusammenhänge zerbrechen, die Abstände zu groß werden. Wie hängen Kommunikation und Größe zusammen?

In der Informatik arbeiten wir alle daran, Abstände zu verringern und Kommunikation zu verbessern. Automatisierung ermöglicht und erfordert immer größere Systeme, von denen der Mensch profitiert, aus denen er aber zunehmend eliminiert wird. Sind wir mit der Informatik auf dem Weg in Lebensformen neuer Größenordnung oder in den organisierten Tod?

In der Komplexitätstheorie arbeite ich an der Verbindung zwischen endlicher und unendlicher Komplexität, unterscheide und verknüpfe Organisations- und Rechenaufwand. Als Fernziel habe ich dabei eine Theorie synchronisierter Berechnungssysteme, bei denen 'zu groß' heißt, daß der Organisations- den Berechnungsaufwand erschlägt. Wenn dieser Ansatz mathematisch tragfähig ist, läßt er sich praktisch verwenden? Diskussionen zeigen, daß sich die Organisation alternativ verwalteter Kleinbetriebe nicht einfach auf eine mathematische Behandlung reduzieren läßt. Es ist offen, ob sich große durch kleine Systeme simulieren lassen. Eine Antwort auf diese Frage würde aber noch nicht das Problem der Sozialkybernetik lösen, ob sich soziale Systeme überhaupt durch technische/mathematische Systeme simulieren lassen.

Angestoßen durch die Kurse von Jan Wojcik führe ich seit vier Semestern am Fachbereich Informatik der Technischen Universität Berlin Seminare zur »Literatur kleiner Systeme« durch. Wir lesen Thoreau, Leopold und Dillard (siehe oben), aber auch »Futurum Zwei« von B. F. Skinner [L3], »Small ist Beautiful« von E. F. Schumacher[9] oder »Zen und die Kunst ein Motorrad zu warten« von Robert Pirsig [L6]. In den Diskussionen und Schreibversuchen wuchsen die Fragestellungen nach 'groß' und 'klein' aus der Mathematik, der Literatur, dem täglichen Leben und der Informatik zusammen zu der Suche nach einem ökologischen Bewußtsein für Wissenschaftler in einer technischen Welt. Ich lernte, daß das Verhalten von Systemen nicht nur durch ihre Größe und Struktur bestimmt ist, sondern ebenso durch Zuviel oder Zuwenig in anderen Hinsichten.

Ich danke allen, die durch Fragen, Reden oder Zuhören diese Arbeit vorangebracht haben. Besonders dankbar bin ich Jan Wojcik, meiner Frau Marie Luise, unserem Ältesten Tjark, meiner Schwester Frauke, Ludger Albers, Wolfgang Coy,

[9] Deutsch »Die Rückkehr zum menschlichen Maß« [L6].

Hans-Jörg Kreowski, Bernd Mahr, Simone Pribbenow, Hans Röck, Volkmar Scholz, Andreas Schulze, Wolfgang Taube und allen Mitarbeitern der »Kleinen Systeme«.

Das Beispiel der Lehrveranstaltungen

Ich konkretisiere die abstrakte Frage nach der Größe von Systemen, indem ich sie auf Lehre, Forschung und Anwendung in der Informatik beziehe und zwei Einzelfragen herausgreife:

Frage 1: Was bringt eine Vorlesung mit 500 Teilnehmern?

Frage 2: Was sage ich Informatikern (Studenten, Wissenschaftler, Anwender), die Informatik aus Gewissensgründen aufgeben wollen?

Meine Antwort auf die erste Frage ist: »Wenig«. Auf die zweite Frage fällt mir als Informatiker eine Antwort schwer. Ich will Licht in die zweite Frage bringen, indem ich meine schnelle Antwort auf die erste untersuche. Die Frage heiße genauer:

Frage 1': Was ändert sich am Vorgang des Lehrens und Lernens, wenn sich die Teilnehmerzahl ändert?

Bis zu fünf Teilnehmer kommunizieren hauptsächlich im Gespräch oder in anderem gemeinsamen Tun, es gibt keine eindeutige »Lehrperson«. Ein einzelner kann die anderen durch Bücher oder längere Reden belehren; wirklich lernen die anderen nur, wenn sie alle Aussagen in eigene Worte, seien es Fragen oder Taten, seien es Fehler, kleiden; wirklich lehrt der einzelne nur, wenn er dabei lernt. Papier und Stift ist nützlich als Gedächtnishilfe, andere technische Hilfsmittel wie Filme oder Tonbänder unterbrechen das Lernen genau so wie lange Reden. Eine Sonderform ist das Lernen allein: Der einzelne setzt sich mit einem Buch oder einer Situation auseinander, er denkt nach und schreibt auf. Er braucht weder Regeln noch viele Hilfsmittel. Aber er lernt erst wirklich, wenn er das Ergebnis mit anderen diskutiert, mit der gesammelten menschlichen Erfahrung abstimmt. Daher sind Lehrmaschinen schädlich: Lehrprogramme jeder Art setzen einen Stoff voraus, der vermittelt werden soll; statt von Menschen auszugehen, die ihre Erfahrungen mit denen anderer vergleichen wollen. Ab etwa 5 Teilnehmer strukturiert sich die Gruppe, oder sie zerfällt; Hilfsmittel werden wichtig: Ein Lehrer tritt hervor, unter Umständen mehrere; die Arbeit wird geplant, vorbereitet, durchgeführt, nachbereitet, bewertet; einzelne tragen vor; man braucht eine Wandtafel, Plakatwände, Schaubilder; es bilden sich Untergruppen, die vor und nach der Lehrveranstaltung gemeinsam arbeiten. Mehr und mehr lernen die Teilnehmer außerhalb der Lehrveranstaltung statt gemeinsam, in der Gruppe tauschen sie Erlerntes aus. Ab 15 – 20 Teilnehmern bleibt nur noch der Frontalunterricht, die Vorlesung, in der Stoff vermittelt, aber kaum verarbeitet wird. Der Lehrer sieht die Schüler nicht lernen; die Zuhörer erleben nicht, wie der Vortragende auf Unverständnis reagiert, sich entwickelt, sie reden nicht miteinander. Beide Seiten werden durch Katheder und (gar aufsteigende) Sitzreihen, durch Mikrofone und Overheadprojektor noch mehr getrennt. Je mehr Teilnehmer es sind, desto genauer werden sie durch Scheinkriterien und Prüfungen, durch feste Sprechstunden und Anwesenheitspflichten gemaßregelt. Bei bis zu 50 Teilnehmern können sich Lernende und Lehrende in einer gewissen Zeit wenigstens ein wenig kennenlernen; bei mehr Teilnehmern ist kaum noch ein Unterschied zum Lernen von der Konserve. Eine Massenvorlesung oder ein Radiovortrag können Lernvorgänge in Gang setzen, die hinterher oder in Abschweifpausen ablaufen. Aber die Zuhörer haben mit dem Vortragenden weniger im Sinn als mit einem Tonbandgerät, das sie anhalten oder zurückspielen können.

Die Analyse ist noch unklar. Sicher werden mit wachsender Teilnehmerzahl mehr Hilfsmittel und mehr Organisation nötig; die Form der Kommunikation wird dabei immer einseitiger und eingeschränkter. Wenn ich viele anspreche, sage ich nicht mehr; im Gegenteil: ich muß allgemeiner reden, kann mich nicht an den einzelnen wenden. Je mehr zuhören, desto weniger kommt beim einzelnen an; er kann nicht antworten, um das Verständnis weiter zu bringen; er hat kaum Zeit mitzudenken: Aber auch in einer kleinen Gruppe kann es aufwendige Hilfsmittel, etwa ein Lehrprogramm oder eine Maschine, oder starre Regeln geben: »Du sprichst nur, wenn Du gefragt wirst.« Undurchschaut und undiskutierbar erschweren sie die Verständigung, schaffen Abstand zwischen den Beteiligten, vergrößern in diesem Sinn die Gruppe. Neben dem Zuviel an Mitteln oder Regeln zerstört ein Zuwenig die Kommunikation: eingeschlafene Zuhörer lernen ebensowenig wie Gesprächspartner, die beide gleichzeitig reden, sie sind weit weg, die Gruppe ist beliebig groß geworden. Und Zuviel schlägt um in Zuwenig: in einer Großvorlesung können die Zuhörer nicht reden; die Veranstaltungsregeln geben dem einzelnen keinen Halt: keiner merkt, ob er mitarbeitet. So hängen Gruppengröße, Ausmaß an Mitteln und Regeln und Form der Kommunikation mannigfach zusammen. Aber warum lernt man nur, wenn man selbst aktiv ist? Die Vorstellung, daß Wissen durch Reden und Zuhören übertragen wird, ermöglicht große Vorlesungen; sie bezieht sich aber direkt gar nicht auf die Teilnehmerzahl. Auch die entgegengesetzte Annahme, daß eigenes Wollen und

Mögen und Vertrauen das Lernen mehr fördern als Hilfsmittel und Organisation, spricht fremde Kategorien an. Diese will ich jetzt einbeziehen.

Zunächst fasse ich zusammen, was ich über *Mittel* und *Regeln* gesagt habe: Mehr Teilnehmer in einer Lehrveranstaltung erfordern aufwendigere Hilfsmittel und eine starrere Organisation; beides macht die Kommunikation ärmer. Ebenso ist ohne Mittel oder Regeln keine Kommunikation möglich. Am besten lernen und lehren die Mitglieder in einer kleinen Arbeitsgruppe mit einfachen Mitteln und lockeren Regeln. Da geschieht dauernd etwas; auch das Schweigen hat Bedeutung.

Darüber hinaus beeinflußt das *Wissen* über die Kommunikation die Kommunikation. Werden in einer Lehrveranstaltung aufwendigere Mittel oder starrere Regeln benutzt, so muß ich als Lehrender oder Lernender mehr darüber wissen, sonst gerate ich in Konflikt mit den Regeln (z.B. den Scheinkriterien) oder die Hilfsmittel (z.B. ein Mikrofon oder eine Lernmaschine) funktionieren nicht. Der Dozent weiß genau, wie die Veranstaltung ablaufen wird; aber er weiß fast nichts über die Studenten. Diese wissen wenig über den Ablauf oder gar über die Gründe dafür; aber sie kennen die Sprechweise des Dozenten und die Art seiner Witze nur zu gut. So kann der Dozent auf die Studenten nicht eingehen, sie können auf ihn nicht einwirken. Beides, Ahnungslosigkeit und gesichertes Wissen, schirmen die Teilnehmer voneinander ab, schwächen die Kommunikation. Die Mitglieder einer kleineren Gruppe sind sich schnell vertraut. Wenn sie einander vertrauen, könnnen sie ungeplant lernen, den jeweiligen Bedürfnissen entsprechend.

Ebenso wichtig ist der *Wille* zur Kommunikation. Wer resigniert oder schlaff in eine Lehrveranstaltung geht (»Die lernen ja doch nichts.« »Ich versteh' eh nix.«), wird keine Kommunikation zustandebringen. Auch der nicht, der verbissen darangeht, entschlossen, das Lehr- oder Lernziel zu erreichen. Fröhlich lerne und lehre ich besser, im Vertrauen auf meine Fähigkeiten und die der anderen. Der fröhliche Wille geht am leichtesten einher mit vertrauter Kenntnis, lockeren Regeln, einfachen Mitteln, also in der kleinen Gruppe. Verbissenheit führt zur Sucht nach Sicherheit, Starrheit, Aufwand; und jedes dieser Extreme läßt gewaltsamer wollen. Nur aus freiem Willen handele ich spontan, nur in der kleinen Umgebung bin ich kreativ.

Wesentlich ist schließlich der *Wert*, den ich auf die Kommunikation lege. Ich kann gleichgültig sein: rücksichtslos den Stoff durchpeitschen oder hemmungslos schwatzen; so oder anders störe ich die Kommunikation. Ich kann mit Liebe und Achtung auf die Bedürfnisse oder Wünsche des anderen eingehen. Weiß ich als Dozent, daß ich alles weiß, so bin ich überheblich, erdrücke die Kommunikation, predige Wissen statt Wissenwollen zu wecken. Ebensowenig kann ich lehren, wenn ich unterwürfig jedem Zweifel an meiner Autorität nachgebe. Und wann hätte ein überheblicher oder unterwürfiger Student etwas gelernt? Gleichgültig bin ich auch, wenn ich mich nicht vorbereite (ahnungslos), nicht kommunizieren will (willenlos), die äußeren Möglichkeiten nicht nütze (mittel- und regellos). Ebenso macht ein Zuviel an Möglichkeiten, Wissen und Wille leicht überheblich und umgekehrt.

Die Analyse

Im letzten Abschnitt habe ich gezeigt, wie die Teilnehmerzahl die Kommunikation in einer Lehrveranstaltung in fünf Hinsichten bestimmt. Zuviele Teilnehmer bewirken ein Übermaß oder einen Mangel in den fünf Bestimmenden, oft beides zugleich. Aber auch in einer kleinen Gruppe können die Bestimmenden extrem werden. In jedem Fall schränken die Extreme die Kommunikation ein; nur wenn die Bestimmenden richtig sind, können wir uns verständigen. Dabei beeinflussen sich die Bestimmenden gegenseitig, ein Extrem führt zum anderen, aber sie sind nicht voneinander abhängig. Ich verschiebe deswegen die Aufmerksamkeit von der zahlenmäßigen Größe auf die Bestimmenden. Und betrachte für die allgemeine Analyse statt Lehrveranstaltungen beliebige Systeme.

Ein *System* bestehe aus Mitgliedern, die miteinander zu einem bestimmten Zweck kommunizieren. Die Mitglieder können Menschen, Tiere, Pflanzen oder Dinge, auch Maschinen, sein. Unter *kommunizieren* fasse ich alle denkbaren Weisen von In-Beziehung-Treten zusammen: Der Wolf frißt die Maus, Menschen bedienen eine Maschine, eine Sonnenblume absorbiert Sonnenlicht, die Maschine erschlägt einen Menschen. Mit *Zweck* meine ich nicht nur den Nutzen, den die Kommunikation haben soll, sondern: Jede Kommunikation geschieht im Hinblick auf etwas Bestimmtes; diese gemeinsame Ausrichtung läßt die Beteiligten zusammengehören, ein System bilden. Wir werden noch sehen, daß diese Einheit bei kleinen Systemen stärker ist als bei großen. Mit dieser Terminologie definiere ich: Ein System ist *klein* (oder *angemessen*), wenn für alle beteiligten Menschen die Kommunikation in allen fünf Bestimmenden klein ist, weder übermäßig noch mangelhaft; verfällt ein menschliches Mitglied in irgendeiner Hinsicht in ein Extrem, wird das System *groß* (oder *unmäßig* oder *maßlos*). Und ich stelle die *These* auf: In einem kleinen System ist die Kommunikation dichter als in einem großen.

Um zwischen großen und kleinen Systemen zu unterscheiden, berücksichtige ich nur die Kommunikation, an der Menschen beteiligt sind. Speziell untersuche ich Systeme nicht, in denen keine Menschen vorkommen. Das ist für mich keine Einschränkung: Wenn ein menschenfreies, etwa ein technisches, System für den Menschen von Belang wird, tritt der Mensch damit zu dem System hinzu, wird selbst Mitglied, und sei es nur als Beobachter. Ebenso ist die Kommunikation zwischen nicht-menschlichen Mitgliedern eines Systems, etwa zwischen Maschinen, für das menschliche Mitglied nur wichtig, wenn er damit beschäftigt oder davon betroffen ist. Ich betrachte also nicht die Beziehung »Die Birke hindert die Kiefer am Wachsen«, sondern »Den Förster stört, daß die Birke die Kiefer am Wachsen hindert.«[10]

In der Wortwahl folge ich E. F. Schumacher. In »Small is Beautiful« unterscheidet er große und kleine Firmen nach der Zahl der Beschäftigten; aber zum Beispiel »kleine Technologie« ist klein in meinem Sinn. In »Das Ende unserer Epoche« verwendet er daneben den terminus 'angemessene Technologie', damit die Leser sich leichter von dem Denken in Größenordnungen lösen können. Meine Analyse findet sich bei Schumacher nicht, aber sie ist stark durch seine Denkweise beeinflußt, besonders durch sein drittes Buch »Rat für die Ratlosen«; alle in [L6].

Was bedeutet 'dicht' in der Aussage: »Die Kommunikation ist in kleinen Systemen dichter als in großen«? Ich betrachte noch einmal die Bestimmenden einer Lehrveranstaltung, ohne Berücksichtigung der Teilnehmerzahl. Fehlen Mittel, Regeln, Kenntnis, Antrieb oder Wert, so bricht die Kommunikation zusammen, die Teilnehmer fallen auseinander. Ebenso stellt sich ein Zuviel in den Bestimmenden zwischen die Teilnehmer. Aufwendige, starre, gesicherte, gewollte oder übermäßig gewertete Kommunikation kann stark sein, aber sie berührt die Teilnehmer wenig. Je unmäßiger das System ist (im definierten Sinn), desto weniger wichtig sind die Mitglieder, desto wichtiger ist das System selbst. Das maßlose System schiebt sich zwischen seine Mitglieder, die Kommunikation verarmt.

Ich fasse die Analyse in einem Schema zusammen. Dabei ergänze ich jede Bestimmende durch ein Merkwort, das sie gleichzeitig erläutert.

---

[10] Vergleiche den schönen Abschnitt über Vorurteile »Axe-in-Hand« im November-Teil des »Sand County Almanac« von Aldo Leopold [L1].

BESTIMMENDE DER	FORM DER KOMMUNIKATION		
KOMMUNIKATION	groß (zu viel)	klein (angemessen)	groß (zu wenig)
Mittel (Besitz)	aufwendig	einfach	mittellos
Regeln (Gesetz)	starr	locker	regellos
Kenntnis (Wissen)	gesichert	vertrauend	ahnungslos
Antrieb (Wille)	gewaltsam, determiniert	frei, fröhlich	resigniert, willenlos
Einstellung (Wert)	überheblich, unterwürfig	liebevoll, hilfreich	gleichgültig, rücksichtslos

Das Schema soll das bisher Gesagte übersichtlich machen. Es legt aber ein Mißverständnis nahe, das ich vermeiden möchte: Mit der Analyse stelle ich nicht strikt wissenschaftlich fest, wie die Sachverhalte sind, sondern will etwas verdeutlichen. Die Kleine-Systeme-Sicht hilft mir, die Beziehungen zu verstehen, in denen ich mich befinde. Sie ist mir wichtig und klar, und ich fordere den Leser auf, sie nachzuvollziehen und so seine kleinen Systeme aufzuspüren. Vom Große-Systeme-Standpunkt aus ergibt die Analyse keinen Sinn. Insbesondere bringe ich meine eigene Wertung in die Analyse ein: Die Adjektive für kleine Systeme sind positiv, die anderen negativ. »Small is beautiful«. Andererseits predige ich mit der Analyse keine neue oder alte Religion. Eine Religion, zumindest wenn zur Kirche auskristallisiert, ist ein großes System: gesichert in der Kenntnis Gottes und der Welt, starr in den Regeln, oft zu reich, determiniert zu missionieren, intolerant gegenüber Mitgliedern und Nicht-Mitgliedern. In ähnlicher Weise, aber ausführlicher, werde ich in einem späteren Abschnitt über die Wissenschaft sprechen. Als wissenschaftliche oder religiöse Aussage führt die Analyse in ein großes System. Sie soll aber zum Leben in kleinen Systemen verlocken.

Das Mißverständnis, die Analyse solle gesichert und wertfrei sein, hängt zusammen mit einem zweiten Mißverständnis, das oft an dieser Stelle im Gespräch auftaucht: Kleine Systeme seien der goldene Mittelweg in den fünf Bestimmenden zwischen den Extremen des Übermaßes und des Mangels. Dabei setzt man voraus, mitten zwischen einem Gegensatzpaar sei man im stabilen Gleichgewicht:

Tatsächlich zieht es mich in jedem Gegensatz in die eine oder andere Richtung, je nachdem, ob ich die Bestimmende positiv oder negativ werte. Im kleinen System lebe ich in der Spannung zwischen beiden Bewertungen, also im instabilen Gleichgewicht:

(Genauer untersuche ich das später im Abschnitt »Analyse der Analyse«.) Das bedeutet wieder: Die Analyse beschreibt keine Zustände, sondern umreißt eine Aufgabe. Eine schöne Aufgabe: Das instabile Gleichgewicht ist keine Gratwanderung zwischen zwei Abgründen:

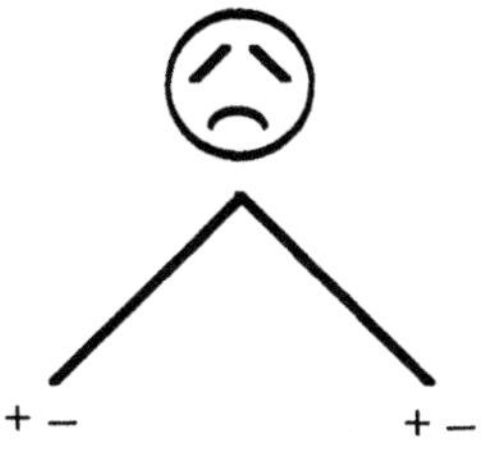

Werkzeuge und Maschinen

Ein *technisches System*, das aus unbelebten Dingen zusammengesetzt ist, wird durch Mittel und Regeln allein bestimmt. Faßt man natürliche oder soziale (das heißt, Menschen enthaltende) Systeme als technische auf, so übersetzt man die letzten drei Bestimmenden in Mittel und Regeln oder vernachlässigt sie. In ein

Mensch-Maschine-System, zum Beispiel in ein rechnergestütztes System, geht das Wissen des Benutzers nur in Form von Regeln über die zulässigen Kommunikationsweisen und in die verwendeten Hilfsmittel ein; sein Wollen und seine Bewertung spielen keine Rolle. Die Kommunikation ist auf eine wohldefinierte Schnittstelle reduziert. Im Falle des Herstellers, des Operateurs und des Wartungstechnikers dagegen sind Kenntnis, Antrieb und Selbst-Bewußtsein wesentlich: er muß die Maschine kennen, die Arbeit mögen und arbeiten wollen, sonst wird er nichts leisten. Das eigentliche Anliegen der Softwaretechnik wie jeder Automatisierung ist es, möglichst viel von Wissen, Wollen und Werten der beteiligten Menschen in Mittel und Regeln zu fassen, um das System verläßlicher und effizienter zu machen. Tatsächlich wird das System dadurch starr und überladen, damit fehleranfällig und unwirtschaftlich. Damit spreche ich nicht gegen die Technik, aber für eine menschliche Technik. Ich bin nicht gegen Fabriken; aber jeder Manager sollte diese Zusammenhänge kennen.

Dazu muß ich etwas über den Vorgang der *Automatisierung* [11] sagen. Dieser besteht aus einer Analyse der Situation (Anforderungsspezifikation), dem Aufstellen von Gesetzmäßigkeiten (funktionale Spezifikation), dem Übersetzen in das technisch Durchführbare (Entwurf) und der Realisierung (Implementierung). Er kann also in zwei Phasen, Formalisierung und Automatisierung, Analyse und Synthese, zerlegt werden, die von der Realität, der Ausgangssituation, zum Modell, dem fertigen System, führen:

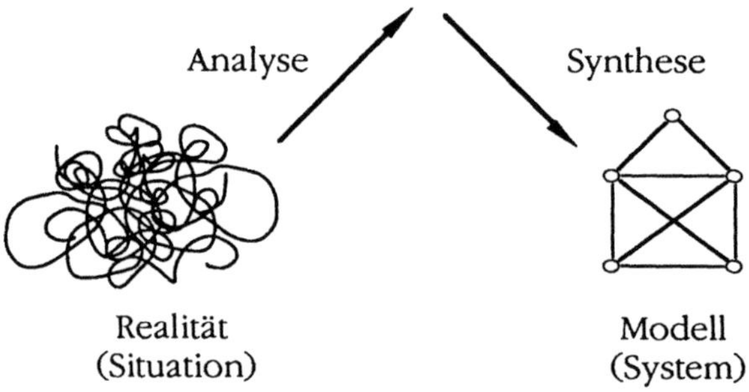

Tatsächlich laufen die beiden Phasen nicht nacheinander ab, sondern vermischt. Statt des kantigen Auf und Ab haben wir also eher einen Halbkreis, der von der

[11] Hier habe ich von Wolfgang Taube gelernt; siehe seine Diplomarbeit »Die Rationalisierung der Softwareproduktion - am Beispiel der Entwicklung der Programmiersprache Ada«. Wer mehr über das Gebiet wissen möchte, kann zum Beispiel das Buch »Software Development - A Rigorous Approach« von C. B. Jones ansehen; beide in [L5].

Realität zum Modell führt. Vor allem aber ist das geschaffene System ebenso Realität wie die Ausgangssituation: Es enthält Menschen. Das technische System allein ist irrelevant, Probleme macht nur das menschlich-technische System. Das Bild wird also:

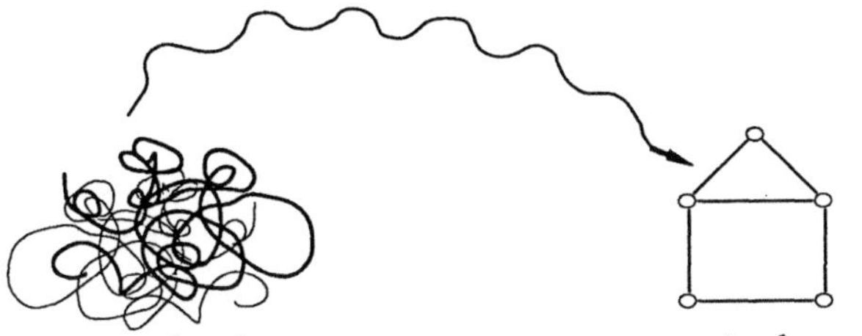

vorgefundene Realität

veränderte Realität

Noch deutlicher ist das Bild, wenn wir Zeit nicht linear, sondern zyklisch verstehen.[12] Dann wird aus dem Halbkreis ein Kreis, genauer eine Spirale; die Arbeit führt uns, Hersteller und Benutzer, an den Ausgangspunkt zurück unter geänderten Bedingungen. Technisch gesprochen: Die Arbeit ist nie zuende, der Kreis muß immer wieder durchlaufen werden.[13]

Das ist der häufigste Fehler bei der Automatisierung: man meint, die Menschen loszuwerden. Dann reduziert man die reale Situation auf eine materiale Struktur, unter der Hand wird aus dem möglicherweise vorher kleinen ein großes System. Wie kann man automatisieren, ohne dabei die Menschen zu verlieren? Es gibt nur einen Weg: Alle Beteiligten müssen im kleinen System den Bogen gemeinsam durchlaufen.

David F. Noble beschreibt in seiner Arbeit »Maschinen gegen Menschen – Die Entwicklung numerisch gesteuerter Werkzeugmaschinen« [L5] das Verfahren des Record-Playback zur Steuerung von Werkzeugmaschinen, das auch in Kurt Vonneguts Utopie »Player Piano« [L3] eine Rolle spielt. Dabei registriert ein Magnetband alle Maschinenbewegungen, wenn ein Arbeiter ein Werkstück zum ersten Mal herstellt, danach fabriziert die Maschine das Werkstück automatisch, vom Magnetband gesteuert. Das Verfahren setzte sich nicht durch und wurde dann von der numerischen Steuerung verdrängt, bei der die Befehle auf dem

---

12 Siehe dazu den letzten Abschnitt im nächsten Aufsatz »Ungelogene unlogische Geschichten«.

13 Vergleiche die Arbeit von Christiane Floyd und Reinhard Keil »Adapting Software Development for Systems Design with the User« [L5].

Steuerband durch Berechnung statt durch Mitschreiben entstehen. Wie jede Automatisierung eliminiert Record-Playback monotone Arbeitsvorgänge und damit (wenn auch monotone) Arbeitsplätze; es läßt aber dem Arbeiter wenigstens einen Teil eigenständiger Arbeit, in die sein Können, Wollen und Wünschen eingeht. Verglichen mit der numerischen Steuerung, die alle Initiative von der Fabrikhalle in die Büros zu verlegen sucht, läßt Record-Playback das System halbwegs klein bleiben.

Durch Automatisieren will man das System vergrößern, nicht nur zahlenmäßig: Automatisieren ist im Vorgang und Ergebnis aufwendig, gewaltsam und überheblich, es erfordert starre Regeln und gesichertes Wissen. Ist also Automatisieren im kleinen System ein Widerspruch in sich? Nach dem üblichen Verständnis wohl. Beim Automatisieren im kleinen System müssen alle Beteiligten wirklich immer beteiligt sein: sie müssen mit der Struktur des entstehenden Systems und miteinander vertraut sein, sie müssen die Veränderung selber wollen und müssen, was dabei entsteht und was damit gemacht wird, für gut halten. Die Forderungen klingen utopisch. Sicher schließen sie jede Großtechnologie aus, aber sie charakterisieren das, was E. F. Schumacher in »Small is Beautiful« und anderen Büchern 'kleine' oder 'angemessene Technologie' nennt. Kleine Technologie ist in vielen Situationen möglich, nicht nur in Entwicklungsländern, und ist in ihren Wirkungen auf die Beteiligten jeder Großtechnologie überlegen. Von der Realisierbarkeit berichtet der Mitarbeiter Schumachers George McRobie in seinem Buch »Small is Possible«; alle in [L6].

Eine angemessene Technologie liefert eher Werkzeuge als Maschinen. Dabei definiere ich den Unterschied zwischen *Werkzeug* und *Maschine* nicht aus dem Gegenstand, sondern aus seiner Beziehung zum Benutzer: Maschinen drängen die beteiligten Menschen in das große System, Werkzeuge erlauben das kleine. Werkzeuge dienen dem Menschen; Maschinen muß er bedienen.

Noch einmal Lehrveranstaltungen

Als Beispiel für eine Automatisierung im kleinen System betrachte ich folgende Aufgabe, die sich auch auf die Fragen im zweiten Abschnitt bezieht:

Aufgabe: Der Übungsbetrieb am Rechner in einer Informatik-Einführungsveranstaltung soll automatisiert werden. (Konkret denke ich dabei an den Zyklus »Algorithmen« im InformatikGrundstudium an der TU Berlin.)

Konventionelle Lösung: Die Durchführenden entwerfen vor Beginn des Semesters ein Betreuungssystem, das mit Hilfe des Rechners die Übungsprogramme der Studenten testet, benotet und mit Kommentaren versieht, darüber hinaus

Listen über Noten, Terminalzeiten, Fehlerverhalten und Programmierstil führt, Abschreiber entdeckt und am Semesterende die Übungsscheine ausdruckt. Dadurch werden Tutoren eingespart, aber der Aufwand für Erstellung und Wartung des Systems ist ungeheuer. Tatsächlich wird der Übungsbetrieb damit in jeder Hinsicht zu einem großen System: Aufwendig und starr, aus der Sicht der Betreuer gesichert, determiniert und überheblich, die Studenten läßt es ahnungslos, vernachlässigt ihren Willen, macht sie gleichgültig.

Lösung im kleinen System: Die Studenten erstellen als Semesteraufgabe selbst Betreuungssysteme. Dafür fällt die Großvorlesung weg, die Studenten arbeiten vor allem für sich, in Kleingruppen von zwei bis vier Teilnehmern, mit Büchern, Manuals und am Rechner. Die Durchführenden (Wissenschaftler und Tutoren) betreuen die Kleingruppen in Sprechstunden; die Zuordnung beruht möglichst auf Wunsch und ist veränderbar. Jede Kleingruppe legt ihrem Betreuer regelmäßig Teilprogramme vor, die besprochen und gemeinsam getestet werden. Die Teilprogramme sollen im Laufe des Semesters ein Betreuungssystem (oder einen kleinen Teil davon) ergeben, das den Wünschen der Kleingruppe entspricht und das sie selber (und nur sie) verwenden, soweit es steht. Die Betreuer achten darauf, ob die Studenten die wesentlichen Aspekte des algorithmischen Denkens mit seinen Vor- und Nachteilen kennenlernen, aber sie zwingen keinen Stoff auf. Die Betreuer treffen sich regelmäßig, diskutieren die Ergebnisse und das weitere Vorgehen und bieten davon abhängig den betreuten Kleingruppen Tutorien oder Vorträge zu anstehenden Problemen an. Wenn Noten erforderlich sind, ergeben sie sich aus den Bewertungen der Betreuer und/oder aus mündlichen/schriftlichen/praktischen Prüfungen. Das Verfahren ändert nichts an der Zahl der Studenten. Aber es erfordert nicht mehr Personal und keinen Großrechner. Auch sonst kann das System klein sein, soweit die Teilnehmer das so wollen: die Studenten arbeiten meist in ihrer Kleingruppe, teils mit ihrem Betreuer, gelegentlich in ihrem Tutorium; die Betreuer arbeiten vor allem mit ihren Kleingruppen und in den Betreuertreffen, bereiten sich mit Büchern und am Rechner vor.[14]

Da die Vorschläge wieder völlig utopisch klingen, diskutiere ich kurz drei häufige Gegenargumente.

---

[14] *Anmerkung 1991:* Seit 1989 führen wir in unserer Gruppe große Lehrveranstaltungen, auch wenn es dabei nicht um Automatisierung geht, so in der Kleine-Systeme-Weise durch. Ich beschreibe und diskutiere das Vorgehen in dem Aufsatz »Wende zur Phantasie - Zur Theoriebildung in der Informatik« in diesem Band sowie in meinem Lehrbuch »Formalisieren und Beweisen« [L5], das wir in der Lehrveranstaltung »Logik für Informatiker« benutzen.

Einwand 1: Viele Studenten kommen damit nicht klar, sie können nur unter Anleitung und Druck lernen, man muß ihnen zumindest eine Basis von fertigem Wissen liefern. – Das ist richtig. Aber andererseits ist eine zentral organisierte und durchgeführte Lehrveranstaltung unglaublich gefährlich: sie vermittelt Kenntnisse, aber keine Fähigkeiten. Das ist gefährlich für den Studenten: es untergräbt sein Selbstgefühl, verunsichert ihn, schwächt seinen Willen; es zerstört ihn als Mensch. Er wird später seine Kenntnisse anwenden wie er sie erworben hat: willenlos gegenüber den Auftraggebern, rücksichtslos gegenüber den Betroffenen, ahnungslos gegenüber den Folgen. Lehren und Lernen im großen System ist also gefährlich für die Allgemeinheit.

Einwand 2: Die Kleingruppen bilden sicher kleine Systeme; aber zusammen ergeben sie ein großes System oder ein großes Chaos. – Ein großes System ist nicht nötig, da jede Kleingruppe an ihrer eigenen Aufgabe arbeitet, dabei so weit kommt, wie sie kann und will (und, wenn das gefordert ist, entsprechend benotet wird). Das Chaos wird es jeweils zu Semesterbeginn geben, wenn sich die Kleingruppen bilden. Das Chaos wird geringer, wenn man dafür genügend Zeit und Gelegenheit gibt. Und es wird ein fruchtbares Chaos, wenn die Betreuer zu Beginn schon ein kleines System bilden: untereinander und mit der Aufgabe vertraut sind, das Verfahren und ihre Arbeit mögen und den Studenten gern helfen. Ohne das wird aber kein Verfahren etwas Gutes bringen.

Einwand 3: Man kann aus einer Lehrveranstaltung kein kleines System machen, wenn die umgebende Universität ein großes ist: Noten, Prüfungen, andere Lehrveranstaltungen, die Baulichkeiten erdrücken jeden Versuch. – Dieser Einwand ist der schwerwiegenste: eine große Umgebung macht das Leben in einem kleinen System schwierig. Unmöglich macht sie es nur, wenn man kleine Systeme als ein rein organisatorisches Problem ansieht. Auf Mittel und Regeln reduziert, werden sie technische Systeme, also von selbst groß. Daran ist die Reformprüfungsordnung unseres Fachbereichs gescheitert, daher rühren wohl auch die Schwierigkeiten mit dem Projektstudium an der Universität Bremen und anderswo. Die Umgebung ändern wollen ist gut; aber sie geändert haben wollen ist Großes-System-Denken, das große Systeme schafft. Als menschliches Problem sind kleine Systeme eine Aufgabe, die wir in allen Umständen anfangen müssen. Da wir überall in großen Umgebungen leben, können kleine Systeme nur so von innen nach außen entstehen. »Kleine« Lehrveranstaltungen und »kleine« Forschung (siehe nächster Abschnitt) führen eher zu einer »kleinen« Universität als »große« Pläne.

Wissenschaft

Was ich im letzten Abschnitt zur Automatisierung gesagt habe, gilt für jede Form von Arbeit: Arbeitend verändern wir im Bogen durch Analyse und Synthese die Realität. Bei Routinearbeit fehlt die Analyse fast ganz; statt den Bogen zu durchlaufen, kriecht der Mensch am Boden entlang. Die Regeln sind starr, die Kenntnis fehlt entweder oder ist völlig sicher. Aber jede Form von Arbeit kann in ein großes System führen, dabei wird der Mensch mißachtet, er »entfremdet« sich, wie Marx sagt.

Private Arbeit, die ich für mein kleines System tue, kann durchaus darin bleiben; ebenso gemeinsame Arbeit, die wir reihum tun, wie zum Beispiel früher die Ernte. Aber schon der kommerzielle Tausch, von Gütern oder Arbeitskraft, macht gemäß der Marxschen Analyse das System groß: während des Tausches sehen wir die Gegenstände nicht mehr konkret, sondern als Tauschobjekte. Dadurch werden sie vergleichbar, wir tauschen unter gesicherten Voraussetzungen, nicht im vertrauten Umgang. Aber nicht nur das Wissen ist groß, sondern ebenso andere Bestimmende, die Marx nicht wichtig sind: die Regeln sind starrer, der Antrieb bestimmter, wir wollen uns und nicht dem Partner helfen. Ganz groß wird das System, wenn wir für Geld arbeiten, damit von einem riesenhaften Bezugssystem abhängen.

Das gilt allgemein: Ist eine Bestimmende das einzige Ziel der Kommunikation, so drängt sie sich zwischen die beteiligten Menschen, nimmt allen Raum ein. Gleichzeitig nehmen die anderen Bestimmenden an Wichtigkeit ab, geraten aus dem Maß. Das System wird also in allen Bestimmenden groß. So stört die Arbeit, der es nur um Besitz geht, das Leben im kleinen System. Ganz abstrakt wird der Besitz im Geld: selbst wertlos kann es jederzeit in jede Form von Besitz umgewandelt werden. Als Abstraktum entfernt es den Menschen noch mehr von seiner Arbeit.

Die gleiche Rolle – reine Möglichkeit, die jederzeit in Konkretes umgesetzt werden kann –, können die anderen Bestimmenden übernehmen, wenn sie ins Extrem getrieben werden. Was das Geld für den um Besitz Arbeitenden ist, ist die Theorie für den Wissenschaftler, die Religion für den Glaubenden, das Gesetz für die Politiker, die Macht für den Mächtigen. Jedes dieser Abstrakta entfremdet den, der es als Ziel seiner Arbeit gelten läßt, von seiner Arbeit, von sich, von jeder Form von Beziehung.

Unter dem Eindruck der Entwicklung des Kapitalismus erkennt Marx nur die Kategorie 'Besitz' als Bestimmende an: das Kapital bestimmt jedes Verhältnis. In seinem Gefolge versucht man, die Entfremdung dadurch aufzuheben, daß man die Besitzverhältnisse ändert; noch extremer als im technischen Bereich reduziert man das System auf die Mittel allein. Das System wird größer, die Entfremdung härter.

Ich vermute, daß Marx die anderen Bestimmenden kennt, aber als Materialist meint, sie auf den Besitz reduzieren zu können. Tatsächlich übernimmt er sie damit unbefragt, eine schwere Hypothek. Alfred Sohn-Rethel arbeitet das in »Geistige und körperliche Arbeit« [L4] für die Naturwissenschaften, also für die Kategorie 'Wissen' heraus. Es wäre lohnend, analog Marxens Verhältnis zu den drei anderen Bestimmenden zu untersuchen. »Der wahre Reichtum des Menschen liegt im Reichtum seiner Beziehungen«, schreibt er irgendwo (nach Wolfgang Coy). Welche Beziehungen sind das?

Wann betreibe ich gemäß diesem Verständnis von Arbeit Wissenschaft im kleinen System? Über die Lehre habe ich in früheren Abschnitten geschrieben. Wie steht es mit der Forschung, speziell in der Informatik? Großforschung geschieht sicher nicht im kleinen System, Auftragsforschung auch nicht, wenn es mir ums Geld geht. Bezüglich der persönlichen Forschung muß ich mich den fünf Fragen stellen: Sind erstens meine Mittel einfach? Verstehe ich den Rechner, die Programmiersprache, die Theorie so gut, daß sie mir als Werkzeug dienen? Sind zweitens meine Regeln locker? Folge ich der Eigengesetzlichkeit des Wissenschaftsbetriebs, fummele ich auf mich selbst gestellt, oder arbeite ich nach Regeln, die ich verantworten kann? Viertens und fünftens: Forsche ich mit Freude oder resigniert oder verbissen? Bin ich mit Liebe bei der Sache, oder sind mir Ergebnis, Motive und Folgen gleichgültig?

Die dritte Frage, nach dem Wissen, ist die schwerste, weil ich sie doppelt stellen muß: nach dem Wissen als Ergebnis von Forschung und nach dem Wissen über die Mechanismen von Forschung. Ist Wissenschaft ohne sicheres Wissen denkbar? Weiß ich nichts über die Mechanismen von Wissen, erscheint mir mein Wissen als notwendigerweise sicher. Bin ich mir der Mechanismen absolut sicher, stehe ich meinem Denken selbst im Wege, bleibe unwissend. Versuche ich, die Begriffe, Methoden und Hilfsmittel, mit denen ich arbeite, meine Ziele und Motive wirklich zu verstehen, so können sie mir vertraut werden, die Wissenschaft kann mir als Werkzeug dienen. Absolut sicheres Wissen ist eine Selbsttäuschung: Wissen ist nur sicher im Rahmen der Wissenschaft, dort ist es aber nicht anwendbar. So gilt 1+1=2 sicher im Bereich des Meßbaren, in der Freundschaft kann 1+1=1 sein, in der Ehe 1+1=3 oder mehr, im Kampf 1+1=0. Das Beispiel mag dümmlich klingen; aber wer sagt mir mit Sicherheit, was meßbar ist?

Das Beispiel zeigt: wissenschaftliche Erkenntnis gilt nur unter ganz gesicherten Umständen, also im großen System. Wissenschaft als der Weg zur sicheren Erkenntnis entfremdet die Beteiligten; die Sätze des Mathematikers entsprechen dem Geld des Arbeiters. Damit predige ich nicht gegen die Wissenschaft, aber ich weise auf ein Unbestimmtheitsprinzip der Wissenschaft hin, das von den Wissenschaftlern bisher nur die Physiker gesehen haben: Je genauer ich die wissenschaftliche Erkenntnis fasse, je allgemeingültiger ich meine Theorie aufstelle, desto mehr schalte ich mich selbst aus. Und desto weniger kann ich die Theorie anwenden; denn anwenden kann nur ein Mensch, der den sicheren Rahmen verläßt. Das klingt wie der alte Widerspruch zwischen Theorie und Praxis. Bei dem wird aber meist die dritte Spitze vergessen: Praxis besteht nicht nur aus den Materialien (Mittel und Regeln), sondern ebenso aus Antrieb und Ziel, den beiden letzten Bestimmenden.

Das ist schließlich meine Antwort auf die Frage 2 aus dem zweiten Abschnitt: Ich stelle mir die Aufgabe, Informatik im kleinen System zu betreiben. Das ist besser, als sie aufzugeben oder zu rechtfertigen oder die Augen zuzumachen. Die Wissenschaft Informatik kommt dabei schlecht weg; aber den von ihr Betroffenen kann es besser gehen.[15]

Eigenschaften kleiner Systeme

Um den Leser zum Weiterarbeiten anzuregen, beschreibe ich kurz einige Folgeerscheinungen, die sich aus der Definition kleiner Systeme ergeben. Tatsächlich habe ich so einmal angefangen: Ich habe an Hand der Bücher »Pilgrim at Tinker Creek« von Annie Dillard, »Sand County Almanac« von Aldo Leopold und »The Unsettling of America« von Wendell Berry (alle in [L1]) eine ganze Liste von Eigenschaften »kleiner Systeme« zusammengestellt und bin so auf die vorliegende Analyse gekommen. Ich rate jedem, sich selbst an Büchern oder anderem Anschauungsmaterial auf eine solche Tätigkeit einzulassen.

In einem kleinen System ist die Kommunikation dichter als in einem großen. Das habe ich im dritten Abschnitt als These der Definition kleiner Systeme hinzugefügt und ausführlich diskutiert.

Ein kleines System ist veränderlich, aber wohlstrukturiert; ein großes ist starr, aber leiht wenig Halt. Die dichte Kommunikation in einem kleinen System gibt jedem Mitglied seine feste Rolle, die sich aber mit ihm und den anderen ändert.

---

[15] Vergleiche dazu den kleinen Aufsatz »Die Verantwortung des Wissenschaftlers« am Schluß des Buches.

Die Mitglieder in einem großen System dagegen sind gegeneinander austauschbar, damit überflüssig; die Rollen sind durch das System festgelegt, nicht durch die Mitglieder.

In der Mathematik besagt der Satz von Ramsey [L5]: In jeder Struktur kann man nur eine begrenzte Zahl von Elementen unterscheiden. Wählt man also immer größere Modelle einer Theorie (endliche oder unendliche), so erhält man immer mehr »ununterscheidbare« Elemente, die mit den Bezeichnungsmöglichkeiten der Theorie nicht zu unterscheiden sind. Ähnlich fühlen sich Menschen in Massen – etwa in einer Großstadt, großen Universitäten, großen Vorlesungen – alle gleich, wenn es ihnen nicht gelingt, ihre eigenen kleinen Systeme aufzubauen.

Hierher gehört auch das Buch von Yona Friedman »Machbare Utopien« [L3]. Nach Friedman kann jedes Mitglied eines Systems nur mit einer kleinen Anzahl von anderen Mitgliedern gleichzeitig kommunizieren; auch können die Kommunikationsketten nur begrenzt lang sein. Daraus ergeben sich Höchstzahlen für Mitglieder von Systemen mit dichter Kommunikation, abhängig von der Struktur. Das ist eine einleuchtende Analyse, die aber bei der Struktur von Systemen stehenbleibt, daher nicht die Brücke schlägt zu den schönen Aussagen Friedmans über »machbare Utopien«, die eigentlich kleine Systeme sind.

Ein kleines System bildet eine Einheit, ein großes nicht. Nach unserer Definition bildet jedes System ein Ganzes; sonst wäre es nicht als System aus der Umgebung herausgehoben. Aber nur in einem kleinen System ist die Kommunikation dicht genug, um etwas Neues entstehen zu lassen, das zusammenhält und nach außen als Einheit wirkt. Ein natürlich gewachsener Fleck von Bäumen bildet einen Wald, der sein eigenes Leben hat, in das er uns einbezieht: Der Wald erscheint uns schön, nicht nur die einzelnen Bäume. Fallen Bäume, wachsen neue daraus; der Wald verändert sich, aber lebt weiter. Ein für Nutzholz angepflanztes Waldstück bildet ein System, das in jeder Bestimmenden groß ist. Es wirkt langweilig, weil man nur die zu engen Reihen immer gleicher Bäume und keinen Wald sieht. Die Bäume haben nichts miteinander oder dem Betrachter oder dem Nutzer zu tun; fällt einer, muß er ersetzt werden, sonst entsteht etwas Neues: Wald. Ebenso wirkt eine kleine Arbeitsgruppe durch ihre Einheit nach außen: durch ihre Arbeitsweise, durch ihre Leistung, durch eine gemeinsam erstellte Arbeit, durch ihr Wollen und ihr Selbstverständnis. Die Gesamtheit der Teilnehmer einer großen Vorlesung hat nicht einmal einen eigenen Namen. Nach außen wirken nur die einzelnen Teilnehmer, dann im Rahmen anderer Systeme. Als System ist eine Vorlesung nach außen völlig abgeschlossen.

Kleine Systeme sind offener als große, das heißt, sie kommunizieren freier mit ihrer Umgebung. Ich habe gerade gesagt, daß kleine Systeme als Systeme nach außen kommunizieren. Bei großen Systemen fällt diese Form der Verbindung weg; es bleibt also die Kommunikation nach außen durch die einzelnen Mitglieder. Die Teilnehmer eines großen Systems suchen es möglichst nach außen abzuschließen, um sicher zu sein (Kenntnis), es damit organisieren zu können (Regeln) und es so fest in der Hand zu haben (Wille). Sie lassen daher Kommunikation nach außen, speziell Zu- und Abgang von Mitgliedern, nur durch wohldefinierte Kanäle zu (»Schnittstellen«), in der festen Sprache des Systems. So ist die Universität zwar offen für jeden – aber nur, wenn er die Voraussetzungen erfüllt. Und wehe ihm, wenn er nicht außerdem die akademische Sprache von Haus aus gewöhnt ist. Und studiert er erst, kann er sich als Studiker mit einem Arbeiter kaum verständigen, so gern er möchte. Die Mitglieder eines kleinen Systems dagegen sind auf Grund seiner Einfachheit auf Kommunikation nach außen angewiesen. Es ist nicht leicht, die Kommunikation aufzunehmen, weil jedes System seine eigene Sprache spricht, mit der man erst vertraut werden muß. Aber im kleinen System braucht man kein großes formales Wissen, man muß keine starren Voraussetzungen erfüllen oder ideologische Hürden nehmen. Ebenso wie die anderen Eigenschaften ist 'Offenheit' kein stehendes Merkmal kleiner Systeme, sondern eine drängende Aufgabe. Daher führt sie auch nicht dazu, daß kleine Systeme leicht überlaufen und damit groß werden: Mitglieder können zwischen kleinen Systemen wechseln, sogar voraussetzungsloser als zwischen großen. Nur ein endgültiger Wechsel ist langwierig und verändert die beteiligten Mitglieder und damit die Systeme.

Die meisten Menschen sind Mitglieder in vielen verschiedenen kleinen Systemen. Das ist nötig, weil kleine Systeme einfach sind, also nicht den verschiedensten Ansprüchen genügen können. Möglich ist es wegen der Offenheit.

Das Leben in kleinen Systemen hat Qualität, das Leben in großen nur Qualitäten. So wie die Einstellungen der Mitglieder die Art des Systems bestimmen, prägt umgekehrt jedes System seine Mitglieder. Akzeptieren wir die großen Systeme, die wir überall vorfinden, werden wir Massenmenschen: starr, verbissen, gleichgültig. Die maßlose Umgebung feilt alle Eigenheiten weg, entläßt aus der Verantwortung, macht unfähig zu eigentlichem Tun. Ebenso werden die Eigenschaften, die das Leben in kleinen Systemen fordert, zum Charakter: einfach, locker, vertrauend, frei, liebevoll. Der kleine Rahmen verlangt dauernd etwas von mir, eigenständig. Die Qualität eines solchen Lebens beschreibt Pirsig in seinem Buch »Zen und die Kunst ein Motorrad zu warten« [L6] als die Bereitschaft, Menschen und Dinge wirklich zu erleben.

Analyse der Analyse

In kleinen Systemen denken ist ungewohnt. Wir verhaken uns leicht an großen Gewohnheiten. Deswegen reizt die Art der Analyse zu Widersprüchen: sie ist gleichzeitig zu strikt und zu vage, zu naiv und zu kritisch. Sie kommt nicht in den Griff. Deswegen gehe ich in vier Themen, die auch in Gesprächen immer wieder aufkamen, auf die Eigentümlichkeit der Analyse ein.

Gegensätze

Kleine Systeme sind nicht der Gegensatz zu großen Systemen, sondern schwingen in der Mitte zwischen den beiden Arten großer Systeme, den zu großen und den zu kleinen. Das ist wesentlich für die Analyse, deswegen gehe ich der Bemerkung über Gegensätze am Ende des dritten Abschnitts genauer nach: Gegensätze sind nicht neutral, sondern ziehen mich je nach meiner Einstellung in das eine oder das andere Extrem. Sogar ein »wertfreier« Gegensatz wie 'schwarz – weiß' wird zu 'finster – hell', wenn ich, im Winter, Licht liebe, und zu 'schattig – grell' im Sommer, wenn ich lieber Schatten habe. Ebenso lassen sich jede der fünf Bestimmenden der Kommunikation aufspalten in einen positiven und einen negativen Teil; dadurch spalten sich die den Extremen beigefügten Adjektive ebenso auf in positive und negative, so wie ich die Bestimmenden werte:

BESTIMMENDE GEPAART		ZU VIEL	ANGEMESSEN	ZU WENIG
Mittel	*Besitz* *Geld*	*reich* *teuer*	einfach	*arm* *billig*
Regeln	*Autorität* *Gesetz*	*fest* *starr*	locker	*regelos* *variabel*
Kenntnis	*Wissen* *Wissenschaft*	*sicher* *gewidmet*	vertraut	*ahnungslos* *unvoreingenommen*
Antrieb	*Wille* *Macht*	*bestimmt* *gewaltsam*	frei	*willen los* *freiwillig*
Einstellung	*Glauben* *Religion*	*wohlmeinend* *überheblich*	liebevoll	*rücksichtslos* *wertfrei*

Ich habe also in dem Diagramm im dritten Abschnitt für die Extreme immer die negativen Adjektive gewählt: teuer (= aufwendig) – arm (= mittellos), und so weiter. Das ist kein billiger Trick, mit dem ich meine Vorliebe für kleine Systeme unters Volk bringen will. Es ist die Haltung des Lebens in kleinen Systemen: Keine der Bestimmenden ist mir alles oder gar nichts wert, die Extreme sind immer negativ. Die Zu-viel-Extreme ziehen an, weil sie Sicherheit versprechen. Durch reiche Mittel, feste Regeln, sicheres Wissen, bestimmten Willen, wohlmeinende Einstellung suchen wir die Kommunikation zu sichern, ruinieren sie dadurch, können uns nicht mehr ändern, sterben ab. Ebenso machen uns die Zu-wenig-Extreme, mit denen wir uns aus der Kommunikation flüchten, unveränderlich, sie lassen uns erstarren. In beiden Richtungen enden wir im automatisierten Sozialstaat, in dem das Leben sinnlos wird, weil es keine Aufgabe mehr ist. Kleine Systeme grenzen hautnah an diese extremen Zustände. Und sind daher hart, mühsam, unsicher – alles, was wir fürchten, wenn wir Sicherheit suchen, alles was uns lebendig hält. »Aber der Hände Arbeit, selbst bis zum Stumpfsinn getrieben, ist vielleicht niemals die schlimmste Form des Müßiggangs« (Henry David Thoreau).[16]

Deswegen nenne ich beide Extreme 'groß'; beide Richtungen münden in das Gleiche. Das echte Bild für ein Gegensatzpaar ist der Kreis:

Zusammenhänge zwischen den Bestimmenden

Die fünf Bestimmenden der Kommunikation sind unabhängig; jede einzelne kann groß sein, obwohl die anderen klein sind. Aber sie sind *gekoppelt*: Wird eine Bestimmende groß, verstärkt sich bei den anderen der Hang dazu, bis zur Notwendigkeit. Deswegen muß ein kleines System in allen Bestimmenden klein sein. Deswegen ist es eine Selbsttäuschung, Systeme auf weniger Bestimmende reduzieren zu wollen, zum Beispiel Mensch-Maschine-Systeme auf die Technik

16 In »Walden« [L1], Original S. 221.

(Mittel und Regeln) oder religiöse Systeme auf die Einstellung. Die wegreduzierten Bestimmenden werden leer, damit groß.

Die Bestimmenden können einander aber, in gewissen Grenzen, *ausgleichen*. »Kann ein Krebskranker mit seinem Arzt und einem Computertomographen ein kleines System bilden?« fragte mich ein Zuhörer in einem Vortrag. Hat der Patient Mut zum Leben (klein) und Vertrauen zum Arzt (klein), so wird er sich auf dessen Rat hin (klein) der Maschine anvertrauen (klein), auch wenn er sie nicht versteht (groß). Das kann ein kleines System sein. Handelt der Patient aus Angst vor dem Tode (groß) oder glaubt er blind an den Arzt oder die Maschine (groß), ist das System groß. Das Beispiel zeigt, wie ungesichert die Abgrenzung zwischen 'groß' und 'klein' ist. Nur für die Beteiligten, die achten, ist sie zu sehen.

Die Bestimmenden sind *gestuft*: Mittel und Regeln bestimmen unbelebte, speziell technische Systeme. Im Bereich der Pflanzen und niederen tierischen Organismen kommt Wissen als Bestimmende hinzu, für höhere Lebewesen der Wille und schließlich für Menschen Wertvorstellungen (Selbst-Bewußtsein, Glauben). Die fünf Bestimmenden entsprechen also der uralten Stufung der Welt in die genannten vier Bereiche, wie sie E. F. Schumacher in seinem Buch »Rat für die Ratlosen« [L6] behandelt. Man könnte deswegen Mittel und Regeln als zwei Seiten einer Sache, nämlich der materialen Welt, zusammenfassen. Mir erscheinen beide für sich wichtig, um kleine Systeme zu verstehen.

Kommunikation zwischen Systemen

Jedes System ist in eine Umgebung eingebettet, ist also auf Kommunikation mit den dort vorhandenen Systemen angewiesen. Ich habe dazu im vorigen Abschnitt die Kommunikation zwischen Systemen selbst unterschieden von der vermittelten Kommunikation, die über die Mitglieder der Systeme läuft; und gesagt, daß es die erste Art zwischen großen Systemen nicht gibt, weil sie keine Einheit bilden. Ich erweitere jetzt den Systembegriff aus dem dritten Abschnitt: Auch Systeme können Mitglieder von Systemen sein.

Bilden solche zusammengeschlossenen Systeme immer ein großes System? Oder wann ist ein System von Systemen klein? Sicher müssen die Mitgliedersysteme klein sein. Ebenso die Kommunikation zwischen ihnen; aber in welchem Sinn? Wenn menschliche Systeme kommunizieren, sind immer Menschen, sei es indirekt, beteiligt. Also in ihrem Sinn. Systeme und ihre Mitglieder prägen sich gegenseitig (siehe den vorigen Abschnitt). Ein System von Systemen ist also klein, wenn alle Teilnehmersysteme klein sind und die menschlichen Mitglieder die Kommunikation zwischen den Teilnehmersystemen klein halten.

Die Definition scheint kleine Systeme unmöglich zu machen, weil sie immer in große Systeme eingebettet sind. Aber wer zwingt mich, meine kleinen Systeme als Mitglieder der großen umgebenden Systeme aufzufassen und damit aufzugeben? Es liegt an uns, die Verbindungen locker zu halten (klein), uns abhängig zu machen (groß) oder uns zu entziehen (groß): Nicht mit der Verwaltung verhandeln, sondern mit den Beamten reden; das ist ein altes Verfahren. Die kleinen Systeme aufspüren, die überall sind. In der Demokratie den Mut und den Witz haben, als Mensch – und nicht nur als Vertreter einer Mehrheitsmeinung, der dann mit Recht Abstimmungsmaschine heißt – meine kleinen Systeme zu vertreten. Nicht auf halbem Wege stehen bleiben. Wie kann das Rätesystem ein kleines System bleiben, wenn es von oben gewaltsam und rücksichtslos eingeführt wird? Ein technisches System macht man klein, indem man es aus kleinen Komponenten mit probabilistischen Verknüpfungen statt mit starrer Gesamtkontrolle aufbaut; damit es wirklich »klein« wird, müssen die beteiligten menschlichen Systeme vertraut mit dem Gesamtsystem sein, spontan in der Kommunikation, aufeinander achten.

Wie Systeme, in Hierarchien gestuft, zusammenspielen und wie dabei neue Systeme entstehen – dem Thema geht Douglas R. Hofstadter in seinem Buch »Gödel, Escher, Bach – ein Endloses Geflochtenes Band« [L5] nach. In den beiden zentralen Dialogen »Prelude«, »...Ant Fugue« diskutieren Achilles und die Schildkröte mit ihrem Freund, der Krabbe, und einem Gast, dem Ameisenbär, wie die Kommunikation in einem Gehirn und in einem Ameisenhügel auf analoge Weise aus aufsteigenden Kommunikationsebenen komponiert ist: Ameisen formen ein Team, einer Aufgabe entsprechend; Teams laufen als »Signale« durch den Hügel, interagieren mit der vorhandenen Verteilung der verschiedenen Arten von Ameisen; formen dadurch auf einer höheren Bedeutungsebene »Symbole«. Verflochten ist das Gespräch mit Musik aus dem »Wohltemperierten Klavier« von Johann Sebastian Bach: einem Präludium und einer vierstimmigen Fuge. Wir sehen die Neuronen und verstehen die Gedanken; von der Struktur dazwischen wissen wir fast nichts. Ähnlich kennen wir Menschen und die Menschheit; zu den vielen Lagen von kleinen Systemen, die dazwischen liegen müßten, um die Geschehnisse der Menschheit verständlich zu machen, fällt uns nichts ein. Daher funktionieren die großen menschlichen Gemeinwesen so schlecht: Wir versuchen, sie organisatorisch in den Griff zu bekommen; aber es fehlt uns die Lust, der Glauben und das Vertrauen, sie als kleine Systeme entstehen und zusammenarbeiten zu lassen. Diese Analogie zwischen der Hofstadterschen Analyse der Kommunikation und der kleinen Systemtheorie zeigt auch, was bei Hofstadter fehlt. Seine Ebenen schließen über Mittel und Regeln hinaus das Wissen ein, er geht spielerisch an sein Vorhaben heran und ist nicht verbissen auf eine Theorie aus; aber welchen Wert mißt er dem Ganzen bei? Ich lese sein Buch mit Begeisterung, es ist wissenschaftlich und ästhetisch reizvoll, aber es bleibt auf dieser Ebene. Auch alle Analysen in dem von Hofstadter zusammen mit David C. Dennet herausgegebenen Band »The Mind's I – Phantasies and Reflections on Self and Soul« [L5] sind von dieser Art.

Kommunikation von außen trifft ein System immer überraschend. Daher versuchen große Systeme alles, was von außen kommt, aufzunehmen, als Teil des Systems bestimmbar und vorhersagbar zu machen. Große Systeme saugen Nachbarsysteme ein oder schließen sich gegen sie ab. Sie kennen nur die beiden Extreme: Determiniertheit (innerhalb) und Zufall (außerhalb). Soweit möglich sichern sie sich auch gegen den Zufall mit Hilfe der Statistik ab. Für Mitglieder kleiner Systeme ist schon die Kommunikation innerhalb des Systems oft unerwartet, da die Regeln locker sind und der Antrieb frei ist; aber sie ist nicht zufällig, da die Mitglieder einander vertraut und zugetan sind. Auch die Kommunikation von außen ist überraschend, aber nicht »rein zufällig«: sie betrifft immer das ganze System, für die Mitglieder gemeinsam ergibt sie einen Sinn. Beide Extreme, Zufall und Determiniertheit, sind kleinen Systemen nicht gemäß.

Systeme als sprachliche Einheit

Nach der (üblichen) Defintion im dritten Abschnitt besteht ein System aus Mitgliedern, die unter einer bestimmten Hinsicht miteinander kommunizieren und so ein Ganzes bilden. Ich kann statt von den Mitgliedern von den Kommunikationsweisen ausgehen und definieren: Ein System ist ein Ganzes, das durch eine gemeinsame Sprache, eine Gemeinsamkeit in der Kommunikation, ausgezeichnet ist. Die Unterscheidung zwischen 'groß' und 'klein' ändert sich dadurch nicht.

Die neue Definition hat eine Reihe von Vorteilen. Die alte Definition verleitet zu einer technischen, analysierenden Betrachtungsweise: Das Ganze wird erst in Mitglieder zerlegt, die dann durch Kommunikationsglieder wieder zusammengesetzt werden. Das wird gerade kleinen Systemen nicht gerecht; sie sind mehr als die Summe ihrer Teile. In der Kernphysik kennt man Systeme, die so stark interagieren, daß die einzelnen Elemente nicht separierbar sind.[17] Diese Weisheit beherzigen wir zu wenig in sozialen, besonders in unseren eigenen kleinen Systemen.

---

[17] Siehe dazu zum Beispiel das schöne Buch von Fritjof Capra »Der kosmische Reigen« [L6]. Die beste Einführung in östliche Philosophie und Kernphysik und ihre gemeinsame Sprache, die ich kenne.

Die neue Definition macht den Gegensatz 'übermäßig–angemessen–unmäßig' auf eine neue Weise deutlich: Ein durch Mangel unmäßiges System muß wenigstens in einer Bestimmenden, zum Beispiel im Willen zu kommunizieren, bestehen; sonst ist es nicht als System definiert. Meist ist es in dieser Bestimmenden übermäßig. Und je größer ein System ist, desto festgelegter, also formaler, muß seine Sprache sein, damit sie für alle Mitglieder verständlich ist. Desto magerer ist also die Sprache; desto weniger haben die Mitglieder mit ihr gemein; desto ärmlicher ist die Kommunikation. Man kann in einer wissenschaftlichen Sprache außergewöhnlich klar sprechen, aber außerordentlich wenig sagen. Der eigentliche Gegensatz ist also nicht zwischen Theorie und Praxis, sondern zwischen Theorie im großen System (die zu starr ist, um anwendbar zu sein) und Theorie im kleinen System (die der Praxis hilft; so daß ich *theoro* – giech. sehe).

Man kann die Mathematik durch die Mengenlehre (ausgehend von Elementen) oder durch die Kategorientheorie (ausgehend von Beziehungen) begründen. Beide Begründungen haben Nachteile, vor allem wenn sie extrem und gegeneinander gewendet sind. In kleinen Systemen leben wir am einfachsten, wenn wir weder die Mitglieder noch die Kommunikation für allein wichtig ansehen.

Ökologische Literatur

Was ich bisher geschrieben habe, wird kaum jemanden tief beeinflussen. Selbst für einen Wissenschaftler sind Wissenschaft und Alltag weit auseinander. Wie erwähnt hat meine Analyse der großen und kleinen Systeme ihren Ursprung in einem Kurs über ökologische Literatur. Was haben Natur und Literatur mit kleinen Systemen zu tun?

Nach der Definition im dritten Abschnitt gilt die Unterscheidung zwischen 'groß' und 'klein' nur für Systeme mit menschlichen Teilnehmern. Ich kann deswegen die Frage »Sind natürliche Systeme (solche ohne Menschen) groß oder klein?« nicht beantworten, gar nicht stellen. Die Natur ist in der Zahl oft überschwänglich, zum Beispiel bei der Fortpflanzung, da die Mechanismen verhältnismäßig einfach sind; im Ausgleich zwischen Mitteln und Regeln könnten das also kleine Systeme sein. Ameisen und Termiten bauen ihre Hügel nach starren Regeln; die einzelnen Insekten scheinen sich zufällig zu verhalten. Bilden sie große oder kleine Systeme? Ich weiß es nicht.

Aber warum begeistere ich mich an der Natur, solange sie unberührt, zumindest nicht ganz zerrührt ist? Und fühle mich trostlos in einem Nur-Nutzwald, auf einem Zierrasen, zwischen Zootieren? Natur allein ist nicht schön, sondern allein. Die Gottesanbeterin, die während der Begattung ihr Männchen auffrißt, ist weder schrecklich noch herrlich. Aber sie läßt mich auch nicht gleichgültig. Sie zeigt: Die Natur ist nicht die Lehrsammlung für unsere schulmeisterlichen Ambitionen.

Wie gesagt, verdanke ich das meiste dessen, was in dieser Arbeit steht, Menschen, die in der Natur gearbeitet und gedacht und sie dabei genau und entspannt beobachtet und beschrieben haben: Henry David Thoreau »Walden«, Annie Dillard »Pilgrim at Tinker Creek«, Aldo Leopold »A Sand County Almanac«, John Muir in der Sammlung von Teale, Jan Wojcik in seinen Seminaren »Literature of Ecology«; alle [L1]. Von ihnen habe ich gelernt: Weiß oder will ich zuviel von der Natur, nutze ich sie aus und richte sie zugrunde; verherrliche ich sie, wird sie zum Idyll, schlüpft mir durch die Finger und verlacht mich von hinten; bearbeite ich sie mit zu starken Mitteln oder komme ich ihr mit zu strikten Regeln, verödet sie. Bin ich der Natur ahnungslos, willenlos, mittellos oder regellos ausgeliefert, bringt sie mich um; ist sie mir nichts wert, zerstöre ich sie. Nur wenn ich mich, wie diese Menschen, dem Maß der umgebenden Natur anvertraue, bleibt sie lebendig und erhält mich am Leben, erlebe ich sie als kleines System. Bin ich in irgendeiner Form maßlos, wird das System groß, die Natur verschwindet und ich mit ihr. Zugleich poetisch und präzise, praktisch und moralisch denkend, trifft Wendell Berry in seinem Buch »The Unsettling of Amerika – Culture and Agriculture« [L1] den Unterschied zwischen den beiden Wesen des Bewußtseins: In der Agri-Kultur und damit der Kultur der USA stehen sich von Anbeginn die »Ausbeuter« und die »Ernährer« gegenüber. Wer ausbeutet, breitet sich aus; wer ernährt und sorgt, schränkt sich ein.

Der Leser, der in kleinen Systemen weiterdenken will, sollte diese Arbeit verbrennen und die genannten Bücher lesen, dann andere, vor allem selbst in die Natur gehen und sehen und schreiben. Natur gibt es überall; im Hinterhof kann sie uns näher sein als im Naturschutzpark. Wir erleben die Natur direkt, als schön und als schrecklich, und wir brauchen keine kleinen Systeme, um diese Erfahrung zu ermöglichen oder auch nur zu erklären. Tatsächlich bin ich den umgekehrten Weg gegangen: Durch das Beobachten von Natur wurde ich auf die kleinen Systeme aufmerksam, in denen ich lebe, und fing an, über sie nachzudenken. Und zur Naturbeobachtung führte mich das Lesen ökologischer Bücher.

Die innige Beziehung zwischen Mensch und Natur ist nicht auf Äußeres wie Nahrung, Kleidung, Wohnung beschränkt, sondern erstreckt sich auch auf die anderen Hinsichten. Betrachten wir als Beispiel die Theorie der Evolution. Als Darwin[18] und andere sie im letzten Jahrhundert entwickelten, änderte sich unser Wissen über die Natur, und insbesondere über den Menschen, tiefgreifend. Die-

---

18 Siehe seine Bücher »The Origin of Species« und »The Voyage of the Beagle« [L2].

ses neue Wissen wiederum veränderte das Verhältnis der Menschen zur Natur, ließ sie genauer hinsehen oder machte ihnen Angst. Das war kein einfacher Vorgang, er konnte die Menschen stolzer oder demütiger machen, je nach ihrem religiösen Hintergrund. Ausgehend von der damals herrschenden Ideologie – und sie dadurch verstärkend – legte, und legt, man das Darwinsche Evolutionsprinzip »Überleben des Stärkeren« gern als »Kampf aller gegen alle, der Stärkere überlebt« aus; daraus wird Aggression als natürlicher Trieb abgeleitet. Heute beginnt man, das Prinzip »Überleben des besser Angepaßten« zu nennen. Alles Lebendige lebt durch Kooperation, nicht durch Ausschalten des Schwächeren. In den Hyperzyklen, mit denen Manfred Eigen die Entstehung des Lebens erklärt, arbeiten Enzyme zusammen.[19] Zellen sind durch die Symbiose niedriger Lebensformen entstanden. Lewis Thomas schreibt in »The Lives of a Cell«[20], S. 33: »...we may come to view immune reactions, genes for the chemical making of self, and perhaps all reflexive reponses of aggression and defense as secondary developments in evolution, necessary for the regulation and modulation of symbiose, not designed to break into the process, only to keep it from getting out of hand«. Qualität ist nichts Angenehmes; das Leben in kleinen Systemen ist härter als in großen. Aber das leitende Prinzip ist 'miteinander', nicht 'nebeneinander' und nicht 'gegeneinander'. Auch die Agressionen im Wolfsrudel machen das Leben im Rudel erst möglich. Dieses positive Prinzip überträgt sich nicht auf große Systeme. Gregory Bateson faßt in seinen Büchern »Ökologie des Geistes« und »Geist und Natur« [L2] den individuellen menschlichen Geist als evolutionäres System auf. So gewinnt er ganz andere Einsichten übers Denken und Lernen, als wenn man Geist mit dem Gehirn identifiziert oder als gottgegebenes Geheimnis auffaßt. Für Bateson können wir Geist und Natur in Balance halten, in kleinen Systemen.[21]

In der ökologischen Literatur lernen wir Menschen, unseren Platz in der Natur zu sehen. In der Ökologie als Umweltwissenschaft suchen wir bestenfalls nach Mitteln und Gesetzen, die uns diesen Platz sichern; schlimmstenfalls suchen wir die Natur entsprechen zu trimmen.[22] In der Sprache der kleinen Systeme ausgedrückt: In der Umweltwissenschaft geht es nur um die ersten drei Bestimmenden: Mittel, Regeln und Wissen; das heißt, man macht das System 'Mensch – Natur' groß. Will ich Natur in kleinen Systemen erleben, muß ich erst ein

---

[19] Siehe das Buch »The Hypercycle« von Manfred Eigen und Paul Schuster [L2].

[20] Deutsch »Das Geheimnis der Zellen - Das Leben überlebt« [L1].

[21] Siehe auch das Buch »Die Selbstorganisation des Universums« von Erich Jantsch [L2].

[22] Das Wort 'Umwelt' ist bezeichnend: Der Mensch steht in der Mitte, von der Natur umgeben.

anderes Verhältnis zu ihr entwickeln. Schon in den 30er oder 40er Jahren hat Aldo Leopold dafür das Wort *Ökologisches Bewußtsein* eingeführt.[23]

Ökologisches Bewußtsein kann ich nicht wie einen Kohlkopf ziehen, indem ich die Umweltwissenschaft um zwei Dimensionen ergänze. Ökologisches Bewußtsein hat Wundern und Grauen als natürliche Wurzeln; daraus kann eine Offenheit für bewußtes Wahrnehmen und Erforschen erwachsen, die sich schließlich in die vielen Fähigkeiten und Kenntnisse verzweigt, die ich brauche, wenn ich die Natur als Lebensgrund anstatt nur als Energiequelle erfahren will.

Das ist die Weisheit der ökologischen Literatur: Will ich menschlich bleiben, muß ich wissen, was der Mensch ist. Darin bin ich von der Sprache abhängig; ich muß die Aufgabe mir und anderen verständlich machen. Und ich bin von der Natur abhängig; sie lehrt mich, daß alles, was ich schaffe, von ihr kommt. Und ich muß Mensch, Natur und Sprache in meinen kleinen Systemen hegen und pflegen.

In dem oben zitierten Buch »Das Leben überlebt« [L1] stellt der Biologe Lewis Thomas die Frage: Bauen die Menschen an ihrer Sprache wie die Ameisen an ihrem Hügel? Ist das der Sinn menschlichen Lebens? Sein Vergleich leuchtet ein: Die Sprache als System ist zeitlich und mengenmäßig riesig verglichen mit dem einzelnen, jeder arbeitet ständig und unangetrieben an ihr (das ist nach Thomas ein genetischer Zwang – aber auch wohl ebenso der Druck der Erziehung); jeder ist dadurch mit einem Teil der Sprache ganz vertraut und hat so Beziehung zur gesamten Sprache; ohne Sprache kann der einzelne als Mensch nicht existieren, sie ist sein Schutz und Antrieb; ohne Sprache hätte die Menschheit keinen Bestand.

Dürfen wir aufgrund dieser beiden Analysen die Menschen und ihre Sprache als kleines System auffassen? Gerade weil wir wenig über die Zusammenhänge zwischen Menschen und Sprache wissen, stimmen die Bestimmenden, kann das System klein bleiben. Sicher ist es klein in den Dialekten von Landschaft, Ort, Stand, Gruppe, Familie. Hochdeutsch, an dem seit tausend Jahren nach den Bedürfnissen von Verwaltung, Handel, Kirche und Künstlern (!) geschmiedet wird, ist schon sehr groß, lebendig nur über die Dialekte. Esperanto ist tot, die wissenschaftlichen Sprachen scheintot.

Ich glaube deswegen nicht, daß Sprachen ineinander übersetzbar sind. Wörterbuch und Grammatik geben Regeln und Mittel, der Umgang mit ihnen eine gewisse Kenntnis des Systems. Aber den Willen zum Sprechen und die Liebe zur

---

23 Siehe sein Buch »A Sand County Almanac« [L1].

fremden Sprache und den Menschen, die sie sprechen, kann nur der einzelne Mensch entwickeln. Daher sind schriftliche Übersetzungen meist lächerlich und immer langweilig. Nur der Mensch, der in beiden Sprachen zuhause (sic!) ist, kann für das jeweilige umgebende kleine System von der einen in die andere Sprache übertragen. Allgemeingültig oder gar automatisch kann man nur künstliche Sprachen, also große Systeme, übersetzen.

Die Synthese

Eine Arbeit über kleine Systeme ist ein Widerspruch in sich. Je ausführlicher sie ist, desto schlimmer. Über kleine Systeme kann man nicht lange nachdenken; man muß sie leben oder vergessen. Als Gegengewicht zu der langen Analyse schildere ich zum Schluß, auf welche Weise ich in meinem Beruf an und in kleinen Systemen arbeite. Das bisher Geschriebene ist nur aus der Analyse dieser Synthese entstanden.

Angestoßen durch die Seminare von Jan Wojcik und durch lange Diskussionen mit ihm über Naturerleben und Naturwissenschaft führe ich seit WS 1980/81 Seminare und Arbeitsgemeinschaften zur »Literatur kleiner Systeme« durch. Wir, Studenten und Wissenschaftler zumeist der Informatik, erlernen dabei weniger die abstrakte Theorie als das Bewußtsein und die Praxis (einschließlich der konkreten Theorie) der kleinen Systeme: Kleine Gruppen von Mitgliedern bereiten die Sitzungen vor und leiten die Diskussionen; meist liefert die Informatik, eher als die Natur, das Anschauungsmaterial zum Verstehen der Bücher; umgekehrt rüttelt das Verstehen ständig an unserem Verhältnis zur Informatik und zu unserer Arbeit in dieser Wissenschaft – daher kommen die Fragen im zweiten Abschnitt; aus eigenen Naturbeschreibungen ist bisher nicht viel geworden, aber wir haben uns ein Sommersemester lang im Tiergarten getroffen, ein anderes mit ganz wenig Teilnehmern reihum in den Wohnungen; oft nimmt meine Frau teil, wie an dieser Arbeit, zum Semesterschluß gibt es ein »ökologisches Picknick«; aus dem Pirsig-Seminar (das Buch bekam ein eigenes Semester) haben wir mit Arbeitsgruppen zu zwei Fachbereichstagen (Spar-Streik, Friedenstag) beigetragen. Die Arbeitsgemeinschaften strahlen auf andere Lehrveranstaltungen aus. Im WS 1981/82 arbeiteten manche Teilnehmer des Pirsig-Seminars gleichzeitig in meinem Tutorium »Algorithmentheorie« und/oder in meinem Seminar »Synchronisation paralleler Prozesse« mit; in beiden Veranstaltungen haben wir (in der ersteren auch schriftlich) über die Folgen und Voraussetzungen der Theorie und Anwendung der Informatik diskutiert. Dieses Dreigestirn aus theoretischer, (mehr) praktischer und anschaulicher Lehrveranstaltung ergab ein besonders fruchtbares Semester.

Aus den Arbeitsgemeinschaften haben wir jetzt eine ständige Arbeitsgruppe geformt. Wir treffen uns einmal wöchentlich und gehen anstehende Probleme an. Meist diskutieren wir reihum den Stand von Studien- oder Diplomarbeiten (nur teilweise von mir betreut) und suchen sie aus der Sicht kleiner Systeme einzuschätzen und zu beeinflussen. Im SS 1983 soll diese Tätigkeit in ein Seminar »Üben eigenständiger wissenschaftlicher Arbeit« münden, in dem wir in dieser Art an kleinen Semesterprojekten arbeiten wollen.

Vielleicht sollten wir lieber zu Henry David Thoreau, Anne Dillard und Robert Pirsig zurückkehren. Aber warum diesen Umweg über Bücher? Warum ist es mir wichtiger, mit Informatik-Studenten schöne Literatur zu lesen, als mit ihnen direkt aus der Sache heraus Kritik an der Wissenschaft zu treiben? Weil aus der Sache keine Kritik herauskommt, nur aus den Menschen. In Romanen, Erzählungen, Gedichten, Tagebüchern beschäftigen sich die Autoren immer mit menschlichen Problemen. Die technischen Probleme in Science Fiction bedrängen uns, die Naturbeschreibungen in einer romantischen Novelle berühren uns – nur wenn wir als Menschen hineingezogen werden, direkt oder über Menschen im Buch. Sehen wir das beim Lesen, verlagern sich die Probleme der Wissenschaft: Das eigentliche Problem der Informatik ist es nicht, Rechnersysteme zum Laufen zu bringen, sondern Menschen mit Rechnersystemen arbeiten zu lassen; das Problem der Mathematik ist nicht, Beweise zu führen, sondern Menschen Beweise verständlich zu machen. Wir können einen Automatisierungsvorgang in viele Stufen zerlegen, um zum Beispiel Anforderungen oder Korrektheitsbeweise aus Gründen der Verläßlichkeit möglichst weitgehend in formalisierten Sprachen behandeln zu können; trotzdem müssen wir an jede Stufe mit der Umgangssprache herankommen können, um zumindest die Übertragung zu verstehen. Wollen wir einen Arbeitsvorgang durch Automatisierung effizienter machen, so müssen wir außer den Menschen, die in Zukunft damit zu tun haben, die berücksichtigen, die bisher damit beschäftigt waren oder die an der Umstellung arbeiten. Die Forderungen sind nicht neu. Sie werden wenig beachtet, weil wir sie von der Wissenschaft her als Zusätze zu den technischen Problemen betrachten, nicht als die eigentlichen Probleme.

Ein Zuhörer in einem Vortrag schlug vor, ich sollte statt 'kleine' und 'große' Systeme 'menschliche' und 'unmenschliche' Systeme sagen; das sei nicht so mißverständlich. Recht hat er. Aber 'klein' ist schöner.

Ich freue mich über jede Antwort auf dieses Papier. Auch zu der Frage: Wie kann ich aus dieser Arbeit ein interdisziplinäres Projekt aufbauen, ohne daß daraus ein großes System wird?

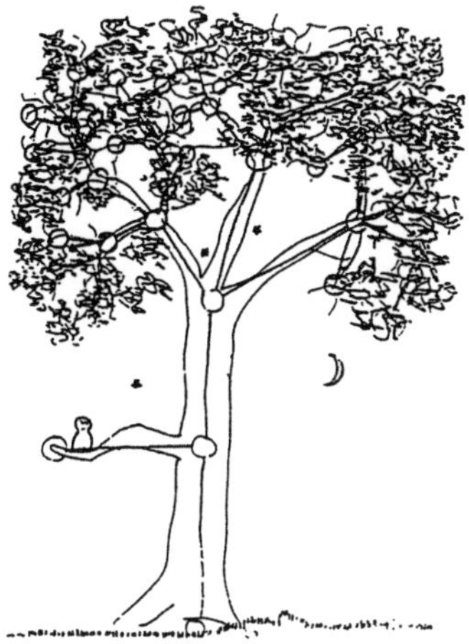

Formalisieren in kleinen Systemen

Ungelogene unlogische Geschichten

Warum gibt es ein Verb 'lügen', aber keins für 'die Wahrheit sagen'? Diese Frage kam mir zu einer Vorlesung »Logik für Informatiker«. Ich erzähle Geschichten zu ihrer Beantwortung. Für Gregory Bateson ist 'lügen' eine Form des Sprechens, die meine Sprache bestimmen kann. Für Erich Fromm ist 'lügen' eine Form des Sprechens, die den Menschen vernachlässigt. 'Lügen' ist nicht der Gegensatz zu 'die Wahrheit sagen' wie 'falsch' zu 'wahr', sondern eine extreme Form des Sagens wie 'schweigen' oder 'formal beweisen'. Diese Formen bedrohen und erhalten das Sagen von allen Seiten. Formalisten wirken leicht lächerlich, weil sie alles beweisen können. Mit einem Witz verunsichere ich meine Hörer, mit einer Paradoxie mich selber, mit einer Lüge uns alle; ich störe nämlich logische Typen. Formalisieren ist selbst nicht formal; aber Lügen vernichtet die Phantasie. Erhalte ich mich lebendig, kann es Freude machen, wissenschaftlich zu arbeiten.

Warum gibt es ein Verb 'lügen', aber keins für 'die Wahrheit sagen'?

Diese Frage schrieb ich im Mai 1984 an die Tafel, als die Studenten zur zweiten Stunde meiner Vorlesung »Logik für Informatiker« eintröpfelten. In der ersten Stunde hatte ich aussagenlogisches Formalisieren anhand einer Logelei eingeführt:

»Wer von Euch hat den Ball in mein Fenster geworfen?« schreit der Mann voller Zorn. Zitternd stehen die vier Knaben da. Anton sagt: »Emil war es.« Emil sagt: »Gustav hat es getan.« Fritz sagt: »Ich war's nicht.« Gustav sagt: »Emil lügt.« Ein Passant, der den Wurf beobachtet hat, sagt wahrheitsgemäß: »Nur einer der Jungen sagt die Wahrheit.«

Ich löse eine solche Logelei, indem ich versuchsweise annehme, Anton sage die Wahrheit, und die Konsequenzen ausrechne: Wenn Anton die Wahrheit sagt, dann lügt Fritz; denn nur einer sagt die Wahrheit. Also hat Fritz den Ball geworfen; aber dann hätte Anton gelogen. Nun versuche ich es mit Emil, verteile die Attribute 'lügt' und 'sagt die Wahrheit' neu, stolpere immer wieder über den zweiten Ausdruck, viermal so lang wie 'lügt', und halbiere ihn schließlich zu 'lügt nicht'. Denn 'die Wahrheit sagen' ist das Gegenteil von 'lügen', wie 'wahr' von 'falsch'.

Warum gibt es dafür in den Sprachen, die ich kenne, kein eigenständiges Verb? Während die Sonne langsam tiefer in den Hörsaal dringt, versuchen wir Antworten: Die-Wahrheit-sagen ist selbstverständlich oder überflüssig oder anrüchig. Man spricht nicht darüber. Der Gegensatz zu 'die Wahrheit sagen' ist 'etwa Falsches sagen', nicht 'lügen'. Aber warum 'etwas Falsches' und nicht 'die Falschheit'? Überhaupt ist 'falsch' nicht der Gegensatz zu 'wahr', sondern zu 'richtig'; zu 'wahr' gehört 'gelogen'. Mit 'richtig' oder 'falsch' beurteile ich eine Aussage über einen Sachverhalt, mit 'gelogen' oder 'wahr' urteile ich darüber hinaus über die Absicht des Redenden. Man kann nicht aus Versehen lügen oder die Wahrheit sagen. Überhaupt gibt es ein Verb zu 'wahr': 'wahren'. Wenn ich Anstand oder Abstand wahre, lasse ich etwas andauern, das mir angemessen erscheint. Wenn ich lüge, ändere ich einiges.

In der nächsten Stunde habe ich zwei weitere Beispiele: wir kämpfen und sündigen, aber im Gegensatz dazu sind wir gut und halten Frieden. Fähigkeiten, mit denen wir die Welt verändern, können wir mit einem Tätigkeitswort bezeichnen. Verhalten, das die Welt bestehen läßt, müssen wir mit zusammengesetzten Ausdrücken umschreiben. Als Wissenschaftler sind wir an Zuständen mehr als an Tätigkeiten interessiert, also arbeiten wir mit Subjekt-Objekt-Aussagen, die wahr oder falsch sind. Mit Gegensätzen. Die Verben verraten, daß es in unserem Leben nicht so symmetrisch zugeht.

Die Prädikatenlogik ist eine Formalisierung der wissenschaftlichen Sprache. Prädikate treffen auf Subjekte zu oder nicht, das ist alles. Also sollte ich beim Formalisieren darauf achten, wohin die Verben verschwinden. Wie wird 'lügen' zu 'die Unwahrheit sagen'? Und welches Tun wurde zu 'die Wahrheit sagen'?

Die Sonne erreicht die Tafel. Ich breche die Diskussion ab und schlage vor, daß wir uns die Frage als Semesteraufgabe stellen, an der wir immer wieder zwischendurch arbeiten wollen. Wieviele Teilnehmer sind mit mir der Meinung, daß wir dabei etwas über Logik lernen?

Nach der Vorlesung begleitet mich ein persischer Student. Im Persischen gibt es 'lügen' nicht, nur die zusammengesetzten Verben 'wahr-sagen' und 'falschsagen', also ganz symmetrisch. Vielleicht war es ein Perser und kein Kreter, der die Antinomie des Lügners erfand: »Ich lüge jetzt.« Sagt er die Wahrheit, so lügt er. Lügt er, so sagt er die Wahrheit. Darüber kann die Sonne untergehen.

Ein paar Tage später lerne ich etwas Neues. Ein Student berichtet über ein Projekt in Künstlicher Intelligenz. Er möchte menschliche Intelligenz mit einem großen System von Chips simulieren. Er hält einen brillianten Vortrag, aber erntet nur Unglauben und Widerspruch. Er ist überzeugt von dem, was er redet, aber er steht nicht dahinter. Sondern daneben wie ein Beobachter. Ebensogut könnte ein anderer reden, oder er etwas anderes reden. Ich erzähle davon in der nächsten Logik-Vorlesung. Wahr oder falsch ist nur halb wichtig, unwichtig, wenn einer es sowieso nicht ernst meint. Aber »Du lügst« ist ein ernster Vorwurf. Hat das mit Logik nichts zu tun?

Gregory Bateson

Im folgenden Wintersemester führte ich mit meinen Informatik-Kollegen Christiane Floyd und Bernd Lutterbeck ein Seminar über Gregory Bateson durch. Wir lasen sein Buch »Geist und Natur« [L2], in dem er – Anthropologe, Biologe und Psychiater – lebendige Systeme als lernende stochastische Prozesse beschreibt. Wir veranschaulichten uns seine Theorie an den Aufsätzen aus »Ökologie des Geistes« [L2], in denen wir sahen, wie er gelernt hat. Und wir versuchten sie zu verstehen, indem wir untersuchten, wie wir selber in dem Seminar lernen.

Wir lernen in Stufen. Wir nehmen ein Kapitel des Buches in unseren Begriffen auf, bereden es in unseren Worten, unser Verständnis verändert sich, in der nächsten Stunde setzen wir mit ein wenig anderen Begriffen und Worten neu an. Daß Text und Vorverständnis so zufällig aufeinanderstoßen, macht die Diskussion schwierig, aber auch fruchtbar. Die Veränderung geht langsam; wir spüren sie erst in der zweiten Hälfte des Semesters, als wir das Buch noch einmal durchgehen.

Was da abläuft, nennt Bateson 'Prozeß'. Den Rahmen, in dem es abläuft und der sich dadurch langsam verändert (deswegen 'lernend'), nennt Bateson 'Form'; wir folgen Reinhard Keil-Slawik [L5] und nennen es auch 'Gedächtnis': es enthält die 'codierten Versionen' früherer Prozesse, das heißt, ihre in unserer Sprache ausgedrückten Ergebnisse. Der Prozeß wird vom Gedächtnis gesteuert, aber vom Zufall beeinflußt; deswegen nennt Bateson ihn 'stochastisch'. Und seine Hauptthese ist: Jedes lebendige System, groß oder klein, bewegt sich im Zickzack zwischen Form und Prozeß. Geist und Natur verhalten sich nach den gleichen Prinzipien, Evolution der Natur und Lernen des Einzelnen sind stochastische Prozesse gleicher Prägung, die darüber hinaus gekoppelt sind. Ist unser Seminar ein lebendiges System? Finden wir Geist und Natur in unserem Verhalten in der Theoretischen Informatik oder der Softwaretechnik?

In einer Seminarsitzung betrachten wir in einer kleinen Gruppe als Beispiel unser Leben: Erlebnisse sind Prozesse; eine Summe von Erlebnissen führt zu einer Erfahrung, in die wir die Erlebnisse einordnen; die Klassifizierung ermöglicht neue Erlebnisse. Diese Zickzackleiter zwischen Form und Prozeß hat kein Ende; sie spiegelt unsere Entwicklung in der Zeit und in größer werdenden Umgebungen – beides hängt zusammen. Sie hat auch keinen Anfang: ohne Erfahrungen erleben wir nichts, ohne Erlebnisse erfahren wir nichts. Die Umkehrungen zwischen den Übergängen sind fließend, so wichtig wie die Übergänge selbst, sie brauchen auch Zeit; es ist also eher eine Spirale als eine Leiter. Wir bewegen uns nicht stetig nach oben, sondern sind hier und dort, bewußt ist uns immer nur der Teil der Spirale, der sich ändert. Es gibt nicht nur eine solche Spirale, unser Leben besteht aus vielen:

FORM	**PROZESS**
Dinge	handeln, erdulden
Regeln	befehlen, gehorchen
Wille	leben
Sprache	sprechen, hören
Begriffe	denken
Werte	empfinden

Die verschiedenen Spiralen sind lose gekoppelt, mal schwingen wir in der einen, mal in der anderen, wie Zirkuskünstler. Für manche Menschen steuert die linke Seite die rechte, für andere die rechte die linke; wir nennen sie konservativ bzw. progressiv.

Nach der Hauptthese von Bateson beschreiben diese Spiralen unser Leben nur zur Hälfte. Die Spiralen anderer Menschen und Systeme erregen unsere und werden erregt, unsere Umgebung und die Welt ändert sich und uns. Von fern betrachtet ist unser Leben ein Bogen in einer großen Spirale, der von der in den Chromosomen und der Familie festgelegten Erfahrung über die Jahre unseres Erlebens zur Summe unserer weitergegebenen Erfahrung führt. Verstehen können wir es nur in Beziehung zu ähnlichen menschlichen, gesellschaftlichen und natürlichen Bögen. Diese Zusammenhänge werden sehr schön deutlich in dem Buch von William Cronon »Changes in the Land. Indians, Colonists, and Ecology of New England« [L1]. Der Autor zeigt, wie die Siedler und die Indianer auf unterschiedliche Weise das Land verändern, aber auch einander, und wie das Land beide formt.

Große und kleine Systeme

Die Tabelle im vorigen Abschnitt über Form und Prozeß ist bloße Form. Sie soll beim Leser Prozesse auslösen. Er soll überlegen, wie die materiale Welt der Dinge sein Handeln bestimmt und wie er sie durch Handeln aufbaut. Und so durch alle Kategorien die verwendeten Wörter abklopfen, gegen andere austauschen, die Kategorien ändern oder ergänzen.

In der Seminargruppe fingen wir mit dem Paar 'Fähigkeiten – handeln' an, fügten 'Begriffe – denken' hinzu, der Jurist kam auf 'Gesetze – befehlen'. Dann arbeitete mein Gedächtnis: In einer Arbeit »Kleine Systeme« hatte ich kleine und große Systeme gegenübergestellt. Nicht die absolute Anzahl der Mitglieder, sondern ihr Verhalten bestimmt, ob sie ein System als groß oder klein empfinden. Nur wenn sich alle Mitglieder in jeder Hinsicht angemessen verhalten, ist das System angemessen, es paßt. Jedes Zuviel oder Zuwenig macht das System zu groß oder zu klein, es erschlägt oder zerfällt. Die Hinsichten hatte ich *Bestimmende* genannt und hatte unterschieden: *Mittel* (Besitz) und *Regeln* (Gesetz) als äußere Bestimmende, als innere Kenntnis (*Wissen*), Antrieb (*Wille*) und Einstellung (*Wert*). Das Verhalten im System – es hieß bei mir *Kommunikation* – hatte ich so analysiert:

Bestimmende der Kommunikation	*Art der Kommunikation*		
	groß (zuviel)	klein (angemessen)	groß (zuwenig)
Mittel (Besitz)	aufwendig	einfach	mittelos
Regeln (Gesetz)	starr	locker	regellos
Kenntnis (Wissen)	gesichert	vertrauend	ahnungslos
Antrieb (Wille)	gewaltsam	frei	resigniert
	determiniert	fröhlich	willenlos
Einstellung (Wert)	überheblich, unterwürfig	liebevoll, hilfreich	gleichgültig, rücksichtslos

Nur wenn alle in jeder Bestimmenden angemessen kommunizieren, ist das System klein. Ein Großforschungsprojekt zum Beispiel ist auch im Sinne der Tabelle groß: Es erfordert einen hohen technischen (Mittel) und verwaltungsmäßigen (Regeln) Overhead; ich kann nicht munter darauflosarbeiten, sondern brauche feste Ziele (Wille) in einem gesicherten Rahmen und einer verbindlichen Sprache (Wissen), am Wert des Vorhabens darf ich nicht zweifeln. Ein solches Projekt ist nicht lebendig. Solche Probleme können aber auch in der kleinsten Forschungsgruppe auftreten: dann wird sie – Ausarten in einer Hinsicht genügt – genauso unlebendig wie ein großes Projekt. Tatsächlich werden die Mitglieder eines zahlenmäßig großen Forschungsvorhabens, wenn sie ihre Arbeit im Sinne der mittleren Spalte durchführen, auf immer neue Weisen das System auch zahlenmäßig klein halten: aufteilen, abwechseln, vertreten. Dasselbe kann ich entsprechend für zu kleine Systeme sagen.

Wieder soll der Leser selbst die Form weiter mit Leben füllen. Wie hängt sie mit der Tabelle aus dem Bateson-Seminar zusammen? Die Bestimmenden sind die Kategorien, nur daß ich Wissen in Sprache und Begriffe, außen und innen, aufgespalten habe. Das paßt. Also sind die großen Systeme die Formen, die kleinen die Prozesse? Das paßt nicht. Ich mag nur die kleinen Systeme, sie sind lebendig. Alles Erschreckende der heutigen Zeit sammelt sich in den großen Systemen: Großmächte, Supermärkte, Industriegiganten, Allheilmittel, internationale Normen, Großforschung, Großvorlesungen, Größenwahnsinn. Form und Prozeß dagegen sind symmetrisch, zwei Seiten einer Sache: lebendige Systeme.

Gegensätze

Voll mit dem, was ich von Bateson für große und kleine Systeme gelernt hatte, stellte ich im Sommersemester 1985 in der Logik-Vorlesung wieder die Frage nach 'lügen' und 'die Wahrheit sagen'. Große und kleine Systeme sind nicht Gegensätze wie 'wahr' und 'falsch'. Und nicht mit jedem Tun bleibe ich im kleinen System. Was ich im kleinen System sage, sage ich vertraulich; aber Lügen macht das System groß: ich bin überheblich oder gleichgültig, resigniert oder gewaltsam, sicher nicht frei und nicht liebevoll. Also ist 'sagen' das Verb, das mir als Gegensatz zu 'lügen' gefehlt hat. So abgenutzt, so leicht ins Gegenteil verrutscht, daß ich 'die Wahrheit' hinzufügen muß, wenn ich sie meine. Aber nicht 'wahrsagen', das ist wirklich schon 'lügen'. Auch eine 'Sage' entspricht nicht unseren genormten Vorstellungen von Wahrheit.

Nicht nur wenn ich lüge, verlasse ich das kleine System. Wenn ich schweige, dann meist aus Trotz oder Gleichgültigkeit; ich entziehe oder verweigere mich der Kommunikation. Gemeinsames Schweigen allerdings kann angemessen sein. Wenn ich rede, ohne etwas Rechtes sagen zu wollen, plappere ich. Wenn ich rede, ohne zuzuhören, schwatze ich. Wenn ich rede, ohne verstehen zu wollen, predige ich. Oder halte eine Vorlesung. Wenn ich mich unmißverständlich ausdrücken will, benutze ich eine formale Sprache.

»Vom Manne sage mir, Muse, dem vielerfahr'nen...«, so ähnlich begann meine Schulausgabe der Odyssee. 'Sagen' in diesem ursprünglichen Sinn kann ich nur in der Schwebe zwischen 'lügen', 'schweigen', 'plappern', 'schwatzen', 'predigen', 'deduzieren'. Sagend balanciere ich auf einer Kugel von Nichtssagendem.

Dieter Hofbauer bringt mir ein etymologisches Wörterbuch. 'Sagen' hat dieselbe Wurzel wie 'zeigen' und 'sehen (lassen)'. Im Plattdeutschen heißt 'hei sächt' – 'er sagt' und 'hei sücht' – 'er sieht'. Wenn ich etwas sage, zeige ich, was ich sehe, und lasse es so den anderen sehen. Wir sehen etwas gemeinsam. Mit einer Lüge hingegen trenne ich uns, und sogar mit einem formalen Beweis schaffe ich den Abstand verschiedener Rollen. Merkwürdigerweise haben 'wahr' und 'wahren' verschiedene Wurzeln. 'Wahr' ist nicht was währt, sondern das, dem ich mich verschwöre.

Gegensätze kommen nicht in Paaren, sondern in Kreisen zwischen 'zuviel und 'zuwenig'. Die beiden Extreme gehen ineinander über. Ob ich lüge, weil ich die Sache zu meinen Gunsten drehen will oder weil mir die Sache gleichgültig ist, macht keinen großen Unterschied; in jedem Falle zerstöre ich das Vertrauen. Im kleinen System pendele ich zwischen Formen und Prozessen, die Spirale steigt.

Kralle ich mich an die Form oder ertrinke im Prozeß, verliert das System an Leben, es wird groß.

Ein großes System ist uns fremd, wir fühlen uns verloren, weil wir von unbekannten Größen abhängen. Reizt es uns aber, so wird es zur Form, in der wir aus unseren kleinen Systemen heraus handeln, bis sie sich mit Erfahrung füllt, selbst zum kleinen System wird, das uns vertraut ist und nicht solche Spannungen ausstrahlt. Solche großen Systeme können winzig sein und sich schnell auflösen, zum Beispiel ein zu entwerfendes Programm, oder sie werden zum Dauerbrenner, wie zum Beispiel die Frage, wie wir mit der Formalisierung und Automatisierung großer Systeme umgehen. Solange wir daran arbeiten, gewinnen wir kleine Systeme und neue große.

Haben oder Sein

Im November 1985 beteiligten Christiane Floyd und ich uns mit einem Seminar »Haben oder Sein für Wissenschaftler« an der Friedenswoche der Universität. In seinem Buch »Haben oder Sein« [L6] unterscheidet Erich Fromm den Haben- und den Seinsmodus. Im Habenmodus bin ich auf Dinge fixiert, die ich haben oder nicht haben will; die beteiligten Menschen, auch ich selbst, sind nur Mittel zum Zweck. Im Seinsmodus geht es mir um die Menschen; Dinge sind Hilfsmittel. Als Wissenschaftler arbeiten wir im Habenmodus: wir wollen unsere Ergebnisse, Theorien, Maschinen weiterbringen, nicht unsere Kollegen. Können wir Wissenschaft auch im Seinsmodus betreiben? Und so friedlicher miteinander umgehen und Frieden statt Krieg in der Welt verbreiten? Das waren unsere Fragen an die Teilnehmer.

Ich lerne im Habenmodus, wenn ich nur Informationen aufnehmen will oder es vorher schon besser weiß. Dabei bin ich auf Wissen aus, mein eigenes oder das des Lehrers, nicht auf die beteiligten Menschen; die Kommunikation ist dünn, das System groß. Lernend im Seinsmodus stelle ich mich selbst und den Lehrer in Frage, beide müssen sich ändern; wir kommunizieren echt, das System ist klein. Im Habenmodus scheine ich aktiv: ich verändere die Welt, baue oder zerstöre, befehle, bestimme, stelle fest, trenne. Ich schaffe Wohlstand, Macht, Ordnung, Sicherheit – alles Dinge, die ich verlieren kann. Ich bin unfriedlich. Im Seinsmodus bin ich scheinbar passiv, tatsächlich auf unscheinbare Weise aktiv. Ich stelle Verbindungen her, schaffe Übereinstimmung, ändere Menschen. Ich tue Dauerhaftes, bin friedlich, wenn das Tun auch schmerzlich für mich und andere sein kann. Die Verben für diese Tätigkeit sind veraltet, abgenutzt oder mißverständlich und daher zumindest in der Wissenschaft anrüchig: tun, achten, sagen, denken, fühlen, glauben, lieben, leben. Aber der erste Eindruck, wir hätten Verben nur für den Habenmodus, ist falsch. Die Sprache des Habenmodus ist substantivisch und adjektivisch, Subjekt-Objekt-beladen; im Seinsmodus spreche ich verbal.Für Erich Fromm sind die beiden Modi Gegensätze. In der Sprache der kleinen Systeme sage ich lieber: im Seinsmodus bin ich in der Schwebe zwischen Zuvielhaben und Zuwenighaben. Beide Extreme machen das System unlebendig: es wird übermächtig oder löst sich auf. Im Seinsmodus tritt das System in den Hintergrund, es läßt die Beteiligten leben.

In dieser Sprechweise, 'Sein' im Gegensatz zwischen zuviel und zuwenig 'Haben', kann ich die Tabelle 'Form – Prozeß', die wir im Bateson-Seminar angefangen hatten, erweitern:

Kategorien	zuviel haben	sein	zuwenig haben
Dinge	mechanisieren	tun	leiden
Regeln	reglementieren	achten	gehorchen
Wille	automatisieren	leben	aufgeben
Sprache	formalisieren	sagen	plappern
Begriffe	schematisieren	denken	spinnen
Werte	missionieren	fühlen	austrocknen

SEIN pendelnd zwischen zuviel und zuwenig HABEN.

Die Adjektive in der ursprünglichen Tabelle sind leichter zu finden und zu verteidigen als die Verben, aber sie führen auch leichter in die Irre. Zuerst hatte ich 'wertfrei' an die Stelle 'Werte – zu wenig haben' geschrieben. Das paßt wunderbar zum Streit über die Wertfreiheit der Wissenschaft. Wissenschaft im Habenmodus ist natürlich wertfrei. Aber nein, Wissenschaft ist weder im Habenmodus noch wertfrei; ich bin es! Als Wissenschaftler im Zuwenighabenmodus verdränge oder vergesse ich meine Werte, dann trockne ich aus, meine Arbeit wird unfruchtbar. Die Verben zeigen, was ich tue, machen meine Verantwortung deutlich.

Der Physiker David Bohm schlägt in seinem Buch »Wholeness and the Implicate Order« [L7] ein Experiment vor: statt der Substantive und Adjektive die Verben zu benutzen, von denen sie abstammen. So kommt 'relevant' von 'relevare – hochheben, in die Aufmerksamkeit heben'. Ein Gegenstand ist nicht relevant oder irrelevant aus sich heraus, sondern im Kontext, in den ich ihn hebe. Die Welt ist nicht einfach so wie sie ist, sondern antwortet auf die Fragen, die ich ihr stelle. Ein wertfreier Wissenschaftler stößt mich genauso ab wie ein mürrischer Busfahrer.

Thomas T. Ballmer konstruiert eine »Fundamentalklassifikation menschlichen Wissens« [L5], indem er die Verben der deutschen Sprache semantisch klassifiziert. Eine solche Klassifikation ist an sich ein großes System, aber da er mit Verben arbeitet statt mit Substantiven, gewinnt er ein handliches Werkzeug. Zum Beispiel unterscheidet er damit in literarischen Texten eine konvergierende und eine divergierende Verlaufsform, die den negativ und positiv gekoppelten Regelkreisen der Systemtheorie entspricht.[24]

»I-Ah ist mürrisch und Ferkel ängstlich und Kaninchen schlau und Eule professoral, nur Puh ist einfach so wie er ist.« So vergleicht Benjamin Hoff in dem herrlichen Büchlein »Tao Te Puh« [L6] A. A. Milnes Kinderbären mit seinen Gefährten. Das sind Charaktere, sie haben markante Eigenschaften. Nur Puh ist im Seinsmodus; er hat wenig Verstand, aber tut immer das Passende – »he just is«, heißt es im Original.

In »The Unsettling of Amerika – Culture and Agriculture« [L1] stellt Wendell Berry dem 'Ausbeuter' den 'Nährer' gegenüber. Der Ausbeuter managet seinen Bauernhof wie eine große Fabrik und holt das Äußerste aus dem Land. Auch der Nährer lebt vom Land – so, daß auch sein Enkel das noch kann. Das ist Seins- und Habenmodus, in einer anderen Sprache ausgedrückt. Wendell Berry, der selbst Farmer in Kentucky ist, schreibt gegen die Agrarpolitik der Nixon-Ära (»Get big or get out«), und die Gegensätze, die er aufstellt, sind oft krass. Aber er kennt auch die kreisenden Gegensätze: Der Bauer ist Mann und Frau, Vater wenn er sät und Mutter wenn er erntet. Das ist Yin und Yang.

Wieder eine andere Sprache spricht Lewis Hyde in »The Gift« [L7]. Eine Gabe ist ein Geschenk. Ein Geschenk wandert in Kreisen: Ein Geschenk darf ich nicht behalten, sonst wird es Stein. Gebe ich es weiter, kehrt es in anderer Form unerwartet zurück. Was ich kaufe, wird mein Besitz, ist mir sicher. Auf Geschenke kann ich nicht rechnen. Kaufe oder verkaufe ich einen Gegenstand, errichte ich eine Trennmauer zwischen ihm und mir, zwischen mir und dem Partner; ich entfremde mich. Geschenke stellen Verbindungen her, definieren kleine Gruppen. – Mit diesen Unterscheidungen untersucht er Walt Whitman, für den Dichten und das ganze Leben eine Gabe ist, und Ezra Pound, der eher mit seinem Pfund wuchert. Ein Seins- und ein Habenmensch.

---

[24] Vergleiche Gregory Bateson »Geist und Natur« [L2].

Formalisieren

Ich habe an der Wissenschaft bisher nichts Gutes gelassen. 'Formalisieren' und 'schematisieren' stehen auf dem Habenkonto in der Tabelle des letzten Abschnitts. Als Wissenschaftler klopfe ich 'lügen' und 'sagen' flach zum Gegensatzpaar 'wahr – falsch'. Will ich die Ballwurf-Logelei formalisieren, brauche ich von den Prädikaten 'sagt die Wahrheit' und 'lügt' nur eins; denn statt 'Anton sagt die Wahrheit' kann ich 'Anton lügt nicht' benutzen. Das ist logisch äquivalent, das heißt, es liefert immer die gleichen Wahrheitswerte. Daß es nicht wirklich gleich*wert*ig ist, wen kümmert's?

Eine formale Sprache ist eine künstliche Insel im See der Umgangssprache; für die Insel sind Umgang und Bedeutung genau durch Regeln festgelegt. Jede wissenschaftliche Sprache (aber auch manche andere, sogar künstlerische) ist mehr oder weniger formal. Aber nur die formalen Ausdrücke der Mathematiker nennt man allgemein Formeln. Ohne Formeln können wir nicht rechnen, gäbe es keine Computer, keine Informatiker. Am formalsten in der Mathematik treiben es die Logiker. Sie formalisieren nicht die Sprachen bestimmter mathematischer Theorien, sondern mathematische und allgemeiner wissenschaftliche Sprachen. (Ich hätte 'naturwissenschaftliche Sprachen' sagen sollen; aber auch andere Wissenschaftler lockt es immer mehr, sich der naturwissenschaftlichen Sprachen und Methoden zu bedienen.) Logische Formalismen bilden die Grundlage für Künstliche Intelligenz, die die neue Computergeneration ermöglichen soll.

Unbeschadet der wachsenden praktischen Bedeutung der Logik gelten die Logiker als am ärgsten weltfremd. Alle Wissenschaftler wirken leicht lächerlich. Wissenschaftler stehen laut mit sich selber redend im Raum. Mathematiker verbergen sich dazu vor einer Wandtafel, dann fällt es nicht so auf. Oder, wenn sie technisch orientiert sind, wählen sie ihre eigene Telefonnummer. Die Informatiker haben es einfacher: sie führen ihre Selbstgespräche am Terminal. Je näher die Antworten des Rechners den erwarteten sind, desto größer ist ihr Ruf. Nur die Logiker führen keine Selbstgespräche. Sie leiten aus dem Gödelschen Unvollständigkeitssatz ab, daß das zu Widersprüchen führt, wenn man es genau nimmt.[25] Logikern kann nie etwas passieren, denn sie können immer beweisen, daß sie es nicht gewesen sind. Logiker können alles beweisen, das macht sie fast unheimlich.

---

[25] Wer diesen Satz nicht kennt, lese das dicke Buch von Douglas R. Hofstadter »Gödel, Escher, Bach – ein Endloses Geflochtenes Band« [L5]. Kunst und formale Sprachen kunstvoll endlos verflechtend führt er ein in Sinn und Hintersinn der Künstlichen Intelligenz und Mathematischen Logik, des Formalen Denkens überhaupt.

Jeder hätte mit Herbert in seinem unauflöslichen Dilemma Mitleid. Nicht so ein Logiker. Denn Herbert hat nicht gesagt »Wenn sie jetzt anrufen würde, würde sie mich lieben«, sondern die Umkehrung. Es liegt also gar kein Widerspruch vor, deduziert der Logiker, sondern nur ein Fehlschluß.

Im vergangenen Sommersemester sprach ich in meiner Vorlesung »Mathematik für Informatiker« darüber, wie wichtig und gefährlich formales Beweisen sei. »Wenn Ihr ein Problem gelöst habt«, sagte ich den Studenten, »beweist die Richtigkeit Eurer Lösung so genau wie möglich, um Fehlern und Ungenauigkeiten auf die Spur zu kommen. Aber nie dürft Ihr ein Problem dadurch lösen, daß Ihr einen formalen Beweis zusammenstückelt, denn beweisen kann man alles. Ich habe da Erfahrung.« Nach einer Vorlesung erzählte mir ein Student von dem Buch »Per Anhalter durch die Galaxis« von Douglas Adams [L3]. Dort wird bewiesen, daß es Gott nicht gibt. Der Anhalter hat nämlich einen Fisch, der ins Ohr gesteckt jede Sprache automatisch übersetzt, von »gurgel heul schlürf aaaarchch« in »Hier spricht der Kommandant«. Solch ein wunderbarer Fisch kann nicht zufällig entstanden sein, nur Gott kann ihn erschaffen haben. Also beweist der Babelfisch die Existenz Gottes. Die Existenz Gottes kann man aber nicht beweisen, »denn ein Beweis ist gegen den Glauben und ohne Glauben bin ich nichts«, sagt Gott. Durch diesen Widerspruch löst sich Gott in einem Logikwölkchen auf.

Wenn man alles beweisen kann, warum sind uns Beweise wichtig? Weil es Geschichten sind, die sich selbst erzählen, sagt Paul Feyerabend in seinem Buch »Wissenschaft als Kunst« [L6]. Beweise sind allgemeine Argumentationen über allgemeine Begriffe. Ich ersetze den konkreten Gegenstand durch Hypothesen über seine Eigenschaften, blende den Zuhörer und mich selber aus, und schon entwickeln sich die Folgerungen wie von selbst, ohne mein Zutun, aus der Sache heraus. »Gott ist allmächtig. Also kann er einen Stein erschaffen, der so schwer ist, daß er ihn nicht mehr heben kann. Daher gibt es keinen Gott.« Ein überzeugender Beweis für jeden, der sich Gott mit Beweisen nähern will. Will ich dagegen einem Gesprächspartner nahebringen, was ich von Gott weiß, werde ich ihm am besten persönliche Geschichten erzählen. Geschichten, in denen er und ich eine größere Rolle spielen als jeder Gesprächsgegenstand.

Dabei fällt mir eine Geschichte ein. Gregory Bateson erzählte sie in der Einführung zu »Geist und Natur« [L2]. Ein Mann – keine Frau würde eine solche Frage stellen – fragt seinen Computer: »Rechnest du damit, daß du jemals denken wirst wie ein menschliches Wesen?« Die Maschine rechnet und druckt schließlich aus: DABEI FÄLLT MIR EINE GESCHICHTE EIN.

Eine Geschichte ist erst gut, wenn ich sie gut erzähle und du gut zuhörst. Ein Beweis kommt aus der Sache, ist allgemein gültig. Erzähler und Zuhörer im Seinsmodus bilden ein kleines System; ein Formalismus ist immer ein großes System, abgesichert gegen alle Einfälle. Ein Logiker kann sich irren; lügen kann er nicht. Auch etymologisch haben 'logisch' und 'gelogen' nichts gemein; der Titel dieser Arbeit legt das nur scheinbar nahe.

Trotzdem bin ich mit Begeisterung Logiker, erforsche und lehre im Seinsmodus Logik und Algorithmentheorie. Geht das? Eine formale Sprache ist eine künstliche Insel in der Umgangssprache. Um eine Insel kann ein Strand mit Brandung sein oder eine Betonmauer mit Ölflecken. Ein Formalismus ist ein abgeschlossenes System, aber er erhält seine Regeln und seine Bedeutung aus der Umgebung. Die kann ich auch formalisieren; aber das geht nicht unendlich weiter. Schließlich ruht die formale Sprache auf der nicht-formalen, auf meinen Erfahrungen, Fähigkeiten, Werten. Formalisieren ist selbst nicht formal, ebensowenig Lehren und Lernen von Formalisieren. Es ist meine eigene Schuld, wenn ich die Logik zu einem großen System mache. Entweder halte ich mich zu fest an ihr, will sie zu einem Universalinstrument machen, mit dem ich alles erschlage.

Oder ich weiß zu wenig von ihr, traue mich nicht, mit ihr umzugehen, habe Angst. Formalisieren, lernen wir von Bateson, ist die Zickzack-Bewegung zwischen Form (Formalismus) und Prozeß (procedere, voranschreiten).

In diesem Geist führe ich mit Mitarbeitern die Lehrveranstaltung »Logik für Informatiker« durch: Wir stellen die formale Sprache nicht neben die Umgangssprache, sondern gewinnen sie, indem wir die Umgangssprache einschränken und den Umgang mit dem formalen Teil genau festlegen. Dadurch können wir anschauliche Bezeichnungen und Schreibweisen aus der Mathematik und der Umgangssprache in der Logik beibehalten. Dadurch brauchen wir Syntax und Semantik nicht so scharf zu trennen, wie es sonst üblich ist und Anfängern meist solche Schwierigkeiten macht; zum Beispiel schreiben wir Daten in die Terme und Formeln hinein statt sie den Variablen nur »zuzuordnen«. Syntax und Semantik sind zwei Aspekte des Formalismus, aber beide kommen aus der gewohnten Sprache. Wir beschreiben eher Tätigkeiten als Ergebnisse; so definieren wir das Aufbauen, Auswerten, Umformen und Ableiten von Formeln induktiv durch Regelsysteme, mit denen sich handlich arbeiten läßt. Wie in der Umgangssprache betrachten wir die Aussagenlogik als einen Teil der Prädikatenlogik, nicht als einen separaten Formalismus. Wir arbeiten eher mit einfachen wichtigen Formeltypen und leicht verständlichen Ableitungsregeln als mit Normalformen und vollständigen Systemen; dadurch machen wir das Umformen und Ableiten einfacher und anschaulicher und verkürzen Beweise, zum Beispiel für Vollständigkeitssätze. Wir entwickeln alle Formalismen an Hand von Beispielen und Problemen, zum Beispiel die Aussagenlogik aus Logeleien, weil sie dann leichter zu verstehen sind; die Probleme können praktisch sein oder sich aus der Logik ergeben. Wir halten uns dabei möglichst an die gängigen Begriffe und Bezeichnungsweisen. Zusammengefaßt: Wir arbeiten mit Formalismen, um formalisieren zu lernen, nicht umgekehrt.

In der ersten Stunde spielen wir eine Geschichte von einem Affen vor, der mit Hilfe eines Stuhls eine Banane von der Zimmerdecke herunterholen kann, und formalisieren die Situation. Das Beispiel ist ein besserer Anfang als die Antinomie des Lügners: Es ist leicht zu formalisieren, führt spielerisch in die logische Arbeit ein, wir können es das ganze Semester hindurch verwenden. Und es zeigt sofort, wie glatt wir die Logik heute anwenden, ohne über die Konsequenzen nachzudenken; in der verniedlichten Form noch krasser als in realistischen Varianten, zum Beispiel mit einer Rakete und einer Stadt. Wer an solchen Anwendungen arbeiten will, lernt von uns ihre Grundlagen. Wer es nicht will, sollte sie erst recht lernen. Nur was wir kennen, können wir beeinflussen.[26]

Dabei fällt mir noch eine Geschichte ein, die ich auch in Logik-Vorlesungen erzählt habe. »The nature I know is old touch-and-go«, sagt Annie Dillard in ihrem Buch »Pilgrim at Tinker Creek« [L1]. Sie arbeitet als Literaturkritikerin an einer Universität, lebt in einer Hütte am Bach und schreibt über ihre Entdeckungen. »Fische sehen – der bloße Versuch macht sie fast unsichtbar«, klagt sie. Nur wenn sie die Sonne im Rücken hat, kann sie ins Wasser sehen, da wo ihr eigener blauer Schatten hinfällt. Aber den sehen auch die Fische und sind schon verschwunden. »Gelegentlich, wenn ich still auf einer Brücke warte oder sachte in den Schatten eines Baums am Ufer schleiche, sehe ich in den Untiefen Fische sich langsam verkörpern, einen nach dem anderen, stumm im Kreis schwimmend, immer rund herum, jeder vom selben verwaschenen Blau wie der Himmel und alle sich verjüngend wie Tränen.«

»Das ist doch kein großer Unterschied«, sagte eine Zuhörerin. »Ob ich den Schatten eines Baumes nutze oder wie ein normaler Wissenschaftler ein Gerüst baue, in dem ich mich verstecke, der Effekt ist derselbe: ich überliste die Fische.« Der Effekt mag derselbe sein, aber die Tätigkeiten sind verschieden: einen Baum suchen und in seinen Schatten schleichen, oder einen Baum fällen und ein Gerüst bauen. Die Intentionen sind verschieden: mehr über Fische wissen wollen, oder ein eigenes Verhältnis zu den Fischen bekommen wollen. Wer ist der bessere Wissenschaftler? »Ich«, sagt der Wissenschaftler; »denn Annie Dillards Wissen ist nicht objektiv, daher nicht wissenschaftlich.«

Die Wissenschaft ist heute verrufen: Sie töte alles, was sie berührt. Aber die Wissenschaft hat keine Finger; berühren und töten kann nur ich, mit Hilfe der Wissenschaft. Deswegen kann ich nicht verantworten, die Wissenschaft aufzugeben. Ich muß mich einbinden, selbst Teil der Untersuchung werden; dann sehe ich Fische und störe sie nicht. Dann entdecke ich, daß ich mit Gegensätzen wie 'wahr – falsch', 'formale Sprache – Umgangssprache', 'subjektiv – objektiv' stark vereinfache. Solche Gegensätze sind für die Wissenschaften nützlich, aber in ihrer Flachheit decken sie Tätigkeiten zu und verbergen damit Fragen. Die wahre Alternative heißt: gesagt statt gelogen, verschwiegen, zerschwatzt, ausgeplaudert, eingepaukt, deduziert.

---

26 *Anmerkung 1991:* Inzwischen habe ich dazu ein Lehrbuch geschrieben: »Formalisieren und Beweisen - Logik für Informatiker« [L5].

Programmieren heißt nicht nur, ein Problem durch ein wohldokumentiertes Programm lösen, schreibt Peter Naur in seiner Arbeit »Programming as Theory Building« [L5]. Programmieren heißt, eine Theorie aufbauen – Wissen und Fähigkeiten über Situation und Programm, die nur zu einem kleinen Teil formulierbar sind. Ein Softwaresystem ist lebendig – veränderbar, entwicklungsfähig – nur zusammen mit den Menschen, die es geschrieben haben. In der Sprache der kleinen Systeme: Reduziert man ein Softwaresystem auf die Kategorie 'Sprache', macht man es tot. Donald Knuth hat ein Programmiersystem aufgebaut, in dem er Programme gleichzeitig umgangssprachlich und in einer Programmiersprache entwickeln kann.[27] Das Arbeiten daran und damit macht ihm soviel Freude, daß er für Jahre das Schreiben an den Bänden von »The Art of Computer Programming« unterbrochen hat. Auch wenn herkömmliches Programmieren damit »illiterate« (ungebildet) wird – ist literarisches Programmieren eine Hilfe für die Theoriebildung?

Das Wissen Annie Dillards ist weder subjektiv noch objektiv, es steht in einer reichen alten Tradition. Auch das Wissen des Wissenschaftlers steht in einer Tradition, die aber anderes Wissen nicht akzeptiert. Über diese Trennwand steige ich, sooft ich kann. Hoffentlich fallen Steine heraus. »Ich bin kein Wissenschaftler. Ich erkunde die Umgebung«, sagt Annie Dillard. Wenn wir in der Wissenschaft soweit kämen, daß wir Kundige als Wissende anerkennen könnten!

Lügen ist unlogisch

Alles was ich tue und sage, bekommt seinen Sinn aus dem Zusammenhang, der vorhandenen Form, dem gemeinsamen »Gedächtnis«. Eine Zickzack-Bewegung zwischen Form und Prozeß gibt mir die Begriffe, um vorangegangene Bewegungen zu verstehen und neue zu beginnen. Bateson nennt eine solche Ebene einen 'logischen Typus'. Eine große Menge von Dingen hat andere Eigenschaften als die Dinge selbst haben: die Dinge sind von anderem Typ als die Menge. Daher bilden die Eigenschaften der Dinge und die Eigenschaften der Menge zwei verschiedene logische Typen. Sie gleich zu behandeln bringt Verwirrung.

Ein großes System kann man nur stochastisch betrachten. Die einzelnen Elemente gehorchen Gesetzen, aber vom System her betrachtet verhalten sie sich zufällig. Das System gehorcht Gesetzen anderen Typs, die die Zufälligkeiten einschränken. Die zufälligen Ereignisse, so geregelt, machen das Verhalten des Systems aus.

---

[27] Siehe seine Arbeit »Literate Programming« [L5].

Die einzelnen Komponenten eines großen Softwaresystems mögen klare Eigenschaften haben, sie mögen sauber zusammengefügt sein, trotzdem muß man das System stochastisch betrachten. Von den Physikern haben wir das für die unendlich kleinen Dimensionen, also für die unendlich großen Systeme gelernt. Von den Informatikern könnten wir das für die menschlichen Dimensionen, also für die täglichen Systeme lernen.

Alle Witze leben davon, daß ich logische Typen vermenge und daß dadurch etwas Unerwartetes passiert. »Junge, hast du kein Taschentuch?« »Doch, aber ich leih's nicht her.« »Wollen Sie ein Zimmer mit fließendem Wasser?« »Was denn; ich bin doch keine Forelle.« »Was ist der Unterschied zwischen einer Meise?« »Beide Vorderbeine sind gleich lang, besonders das rechte.« Die Ebenen von Frage und Antwort passen nicht zusammen, die letzte Frage stimmt in sich nicht. Für einen Moment gerät unsere Logik durcheinander, wir werden unsicher, befreien uns durch Gelächter. »Dieser Satz ist falsch.« Dieser Satz ist falsch, wenn er wahr ist; und wahr, wenn er falsch ist. Also ist er weder wahr noch falsch, sondern paradox. Der Satz sagt etwas über sich selbst aus, bezieht sich also auf seinen eigenen logischen Typus, verletzt daher die Gesetze der Logik, »verläßt das übliche Denken«. (Das heißt 'paradox' auf griechisch.) Ähnlich paradox ist der Zuruf: »Widersetzen Sie sich diesem Befehl!«[28]

[28] Diese und andere Paradoxien aus den Büchern von Alexander Sinowjew »Gähnende Höhlen« und »Lichte Zukunft« zitiert Jon Elster in seiner Arbeit »Aktive und passive Negation«, veröffentlicht in dem Buch »Die erfundene Wirklichkeit« von Paul Watzlawick [L6].

In den fünfziger Jahren gab es eine Paradoxie-Welle: »Paradox ist, wenn ein Goethe-Denkmal in einem Haine durch die Bäume schillert.« Solche Sätze sind witzig, weil sie nicht paradox, sondern witzig sind: ich vermische die logischen Typen von 'Schiller' und 'schillern'. Auch »Schiller schillert« ist nicht paradox. Dagegen ist paradox, daß Gott, weil er allmächtig ist, einen Stein schaffen kann, den er nicht heben kann. Hier verletze ich die Logik, indem ich über einen umfassenden Typus zu sprechen versuche. Allerdings brauche ich die Logik nicht, um einzusehen, daß ich mit Gott das übliche Denken verlasse. Auf ähnliche, aber vergleichsweise harmlose Weise paradox ist, daß Achilles die Schildkröte nicht im Wettlauf besiegen kann, weil sie, während er ihren Vorsprung einholt, immer wieder ein bißchen weiterkraucht. Oder daß Zenos Pfeil nie ins Ziel kommt, weil er nicht gleichzeitig an einem Punkt und in Bewegung sein kann. Mit dem logischen Typus 'Mathematik' kann ich gewisse Aspekte des logischen Typus 'Raum und Zeit' so genau modellieren, daß ich versucht sein mag, Raum und Zeit rein mathematisch aufzufassen. Dabei vergesse ich, daß ich die Mathematik in Raum und Zeit erlerne, Raum und Zeit aber auch unabhängig von der Mathematik.

Lügen ist noch ernster. Ich bin ein Mensch; meine logischen Typen gehen durch alle Kategorien. Sie umfassen nicht nur mein auf die Situation bezogenes Wissen, sondern auch die materiale Welt, insbesondere meinen Körper und meine Gewohnheiten, sowie meine Werte und meinen Willen. Verneinen kann ich aber nur Sätze und Begriffe, in den anderen Kategorien gibt es keine Negation. Behaupte ich »Ich war's nicht«, obwohl ich es war, wird meine Körpersprache mich verraten, mein Gewissen mich anklagen und mein Selbstgefühl sich erheben: »So ein toller Treffer, aus der Entfernung.« Lüge ich, gerate ich in Widerspruch mit mir selbst, ich bringe meine logischen Typen durcheinander. Bateson vermutet, daß deswegen in vielen Kulturen Lügen so geächtet wird: Lüge ich, entziehe ich meinen Worten den Kontext, der ihnen Sinn gibt, ich zerstöre die Kommunikation, das System wird groß. Mit einem Witz verunsichere ich für einen Moment meine Zuhörer, mit einer Paradoxie für einige Zeit mein Denken, mit einer Lüge uns alle für lange.

Lügen, wie jedes Tun, formt mein Gedächtnis, wird zur Gewohnheit. Es gelingt mir, meine Körpersprache zu übertönen, meine Werte zu verleugnen, meinen Willen zu unterdrücken. Aber dann verliere ich sie. Hubert L. Dreyfus betont in seinem Buch »Die Grenzen künstlicher Intelligenz – Was Computer nicht können« [L5], daß Werte, die ich mir bewußt mache, keine Werte sind, höchstens

Ziele (goals). Lügend entwurzele ich mich selbst, werde körperlos, willenlos, wertlos, löse mich auf in Schall und Rauch.

Schriftlich zu lügen ist leichter als mündlich, der störende Körper fehlt (außer für den Graphologen). Am leichtesten, fast automatisch, lügt es sich in einer formalen Sprache: ein X für ein U, ein Negationszeichen tut's auch. Wir brauchen einen ganz neuen Wissenschaftszweig, die Kryptographie, um dem zu begegnen.

Lügen ist eine Kunst, denn es erfordert Phantasie; die Wahrheit sagen ist langweilig. Wenn du das glaubst, lies »Die unendliche Geschichte« von Michael Ende [L7]. Immer wenn ein Kind in Phantásien lügt, zerfällt ein Stück des Königreiches. Lügen bindet dich an die Dinge, es vernichtet die Phantasie.

Was ist schön an der Logik?

E. F. Schumacher hat mit seinem Buch »Small is Beautiful«, deutsch »Die Rückkehr zum menschlichen Maß« mein Denken über kleine und große Systeme stark beeinflußt. Sind wirklich nur kleine Systeme schön? In seinem Büchlein »Rat für die Ratlosen« [beide L6] baut Schumacher auf der traditionellen Stufung der Welt auf:

MATERIE:	die unbelebte Welt;
LEBENDIGES:	die Welt der Pflanzen und Tiere;
BEWUSSTES:	die Tierwelt;
SELBST-BEWUSSTES:	der Mensch.

Jede Stufe entsteht aus der darunter dadurch, daß etwas dazukommt: Leben, Bewußtsein, Selbst-Bewußtsein. Diese Unterschiede sind uns geläufig, aber schwer genau zu fassen; man kann nämlich keine Stufe mit Mitteln darunterliegender Stufen beschreiben. In der Wissenschaft beschränken wir uns auf dingliche Maßstäbe; daher können wir Leben, Bewußtsein, Selbst-Bewußtsein oder höhere Begriffe nicht wissenschaftlich behandeln.

Die Kategorien aus der Tabelle der Kleinen Systeme passen zu den Stufen: Die materiale Welt besteht aus Dingen, die sich regelhaft verhalten. (Andere Dinge gibt es nicht, oder wir können sie nicht wahrnehmen. Daher bilden Dinge und Regeln eine Stufe.) Das Leben, die nächste Stufe, treibt der Willen. In der Sprache äußert sich Bewußtsein. Erst begriffliches Denken ermöglicht Selbstreflektion, Selbst-Bewußtsein. Über die höchste Kategorie, die Werte, spricht Schumacher vorsichtig, vielleicht weil er nicht in Verruf geraten will. Werte weisen über den Menschen hinaus; aber gerade das macht den Menschen aus: daß er unlogisch sein kann. Tiere reißen keine Witze, wundern sich nicht über Paradoxe; und sicher lügen sie nicht, sagen höchstens die Unwahrheit.

Mein großes Vorbild im Geschichtenerzählen, Robert Pirsig, erzählt in »Zen und die Kunst ein Motorrad zu warten« [L6] von einem Mann (der gut er selbst sein kann), der mit seinem Sohn eine Motorradsommerferienfahrt durch die USA macht und dabei mit dem rationalen Denken kämpft. Für die Griechen war ursprünglich die Schönheit das Höchste. Was sich ziemt (die *aretê*), ziert den Mann. Platon und Aristoteles stießen die Schönheit vom Thron und setzten die Wahrheit obenan. Die Kunst, schöne Geschichten zu erzählen, diffamiert Platon als Sophisterei, und bei Aristoteles wird sie als Rhetorik irgendwo unten in der Hierarchie eingestuft. Da fängt das Unglück an: wahr – falsch als das Maß, Subjekt – Objekt als die Denkweise. Dabei ermöglicht doch erst Qualität, unser Maß für Schönheit, zu differenzieren, wahr-zu-nehmen, Subjekt und Objekt zu trennen. Vom Wahnsinn, in den diese Erkenntnis den Motorradfahrer beinahe stürzt, rettet ihn sein Sohn, das menschliche Problem. »Das wahre Rad, an dem du arbeitest, heißt 'Selbst'.«

Mir sind die Stufen Schumachers zu starr, sie trennen die Kategorien zu stark. Von David Bohm »Wholeness and the Implicate Order« [L6] habe ich gelernt, daß 'denken – think' und 'Ding – thing' die gleiche Wurzel haben. Die Sitz und Stimme in der Ratsversammlung, auf dem Thing, haben, legen die Dinge fest, die Bedingungen, denen wir unterliegen; sie denken. Solche Verbindungen ziehen sich hin und her durch das Begriffssystem. Sie zeigen nicht nur, was aus der gleichen Quelle kommt; sie lassen die Unterscheidungen lebendig bleiben, weisen auf andere Gruppierungen hin.

In einer theoretischen Wissenschaft beschäftige ich mich mit Begriffen und benutze eine besondere Sprache; in der Logik untersuche ich sogar diese Sprache selbst, studiere Formalismen. Ich wende die Theorie auf Dinge und Regeln an; zum Beispiel konstruiere ich Theorembeweiser oder suche sie zu verstehen. (Theorembeweiser sind Programme, mit denen ich logisch schließen kann.) Erst durchs Anwenden wird mir die Theorie anschaulich, ein handliches Werkzeug; nur das Anschauliche habe ich im Gefühl, und die Bewertung richtet meinen Willen aus: ich möchte mit dem weiterarbeiten, was mir gefällt. Der Formalismus, den ich als Student gelernt habe, ist mir vertraut; an einen anderen muß ich mich langsam gewöhnen. Mit dieser Gruppierung komme ich zu einer Dreiteilung der Kategorien:

Begriffe und Sprachen:	geistige Welt	– Theorie;
Dinge und Regel:	materielle Welt	– Anwendung
Werte und Wille:	innere Welt	– Anschauung

Daraus mache ich den *Theorie-Max*, den ich manchmal in Vorlesungen an die Tafel male:

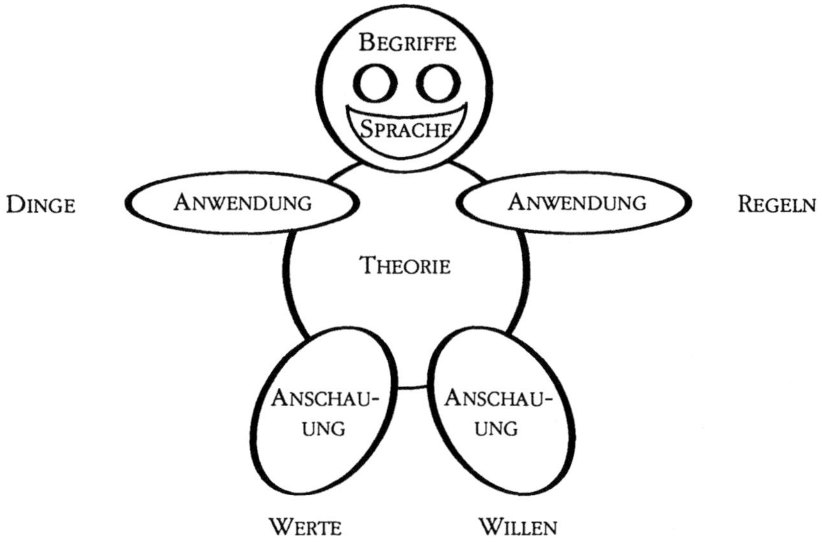

Ohne Beine steht er nicht, ohne Arme schafft er nichts, ohne vollen Bauch ist er nichts.

Am liebsten gruppiere ich die Kategorien gar nicht, sondern lasse sie in fröhlichem Durcheinander, immer wieder neu verbunden. Einteilungen sind nötig, um von ihnen zu lernen; dann lasse ich sie in den Untergrund des Gedächtnisses versinken. Sind sie wichtig, tauchen sie an anderer Stelle neu wieder auf, um wieder zu versinken. Von Bernd Lutterbeck weiß ich, daß ein Übermaß an Daten gefährlich ist: ich halte sie zu leicht für die Person. Von Bateson weiß ich, daß jedes Übermaß an Form gefährlich ist: ich halte sie zu leicht für das System selbst, es wird groß.

»Eines der Wunder im frühen Wisconsin war der Runde Fluß, der in sich selbst mündete und so rundum und rundum floß, im endlosen Kreis.« So beginnt Aldo

Leopold sein Essay »The Round River«[29], in dem er – in den 30er oder frühen 40er Jahren! – 'Ökologie' definiert. Der Runde Fluß ist ihm ein Symbol für die Kreisläufe, in denen alles Leben verläuft. »Das Leben in uns ist gleich dem Wasser im Fluß«, schreibt Henry David Thoreau hundert Jahre früher am Ende von »Walden«.[30]

Ich sitze an einem See. Immer wieder, hier und dort, springt die glatte Oberfläche auf, wie von einem Finger gestupst. Ein winziges Auge öffnet sich, Kreise laufen auseinander, einer nach dem anderen, einer im anderen, immer weiter gegen den Himmel. Sie laufen übereinander und über die größeren Wellen, die selbst in ganz großen Kreisen kommen. – Unser Leben öffnet sich in Kreisen. Mit der sich drehenden Erde kreisen wir durch Tag und Nacht. Die Erde kreist um die Sonne und trägt uns durch die Jahre und ihre Zeiten. Zwischenhin, Mann oder Frau, steigen und fallen wir mit dem Mond, gemeinsam mit Wasser und Land. Darunter pulst unser Herz, wir essen und verdauen, unsere Gene teilen und vermehren sich, unsere Zellen vergehen und entstehen. Wir zeugen und gebären, säen und ernten, sterben und kommen wieder. All diese Kreise überlagern sich, tragen sich wechselseitig. Das wissen wir bei den Kreisen von Sonne, Mond und Erde; bei den anderen fühlen wir es weniger. – Warum scheint uns die Zeit geradlinig? Warum fühlen wir unser Leben nicht pulsen? Lasse ich ein Stöckchen an einem Strick herumschwirren, beschreibt es einen Kreis; von der Seite gesehen geht es auf und ab, im Rhythmus. Werfe ich das Stöckchen ins Wasser, tanzt es auf und ab; aber die Wellen, die es macht, nehmen meine Augen mit weg, ich bleibe nicht im Mittelpunkt. Die festen Formen und die schnellen Bewegungen fangen meine Sinne; die Muster des rhythmisch Wiederkehrenden zu sehen fällt mir schwer. Wäre ich eine Spinne in der Mitte all dieser Kreise, die mein Leben ausmachen, ich schwünge im Wind.

Warum ist es mir peinlich, so in einer wissenschaftlichen Arbeit zu schreiben? »Deine Rede sei ja-ja, nein-nein«; Aussagen sind wahr oder falsch; Wissenschaft und Literatur schließen einander aus; das bin ich gewohnt. Langsam lerne ich, daß Gegensätze nicht flach und spitzig sind, sondern rund. 'Sagen' ist nicht der Gegensatz zu 'lügen'. Wenn ich etwas sage, zeichne ich ein Muster, rundum reflektiert von 'lügen' und 'schweigen', 'schwatzen' und 'plappern', 'predigen' und 'deduzieren'. Nur Rundes ist heil, heilsam, heilig. Nur Heiles ist schön.

---

[29] In »A Sand County Almanac« [L1].

[30] »Walden oder Leben in den Wäldern« [L1].

Formalisieren und Verstehen
Was können Logiker und Informatiker voneinander lernen?

Abergläubisch sein heißt, wenn man seine Hoffnung auf Formeln und Zeremonien setzt. Es heißt aber hochmütig sein, wenn man sich ihnen nicht unterwerfen will.

Blaise Pascal

Ich will Sie dazu bringen, mit mir eine Frage zu betrachten: Hilft oder behindert Formalisieren beim Verstehen? Ich möchte Sie bewegen, meine Antwort zu bedenken: Formalisieren auf große Weise behindert, auf kleine Weise hilft. Ich untersuche Beispiele und zeige: Formalismen selbst sind weder groß noch klein; sie werden es dadurch, wie wir mit ihnen umgehen. Deswegen sage ich beiden, den Informatikern und den Logikern: Handeln Sie nicht mit Formalismen, das macht sie groß; handeln Sie mit Verständnis, um sie klein zu halten. So können Sie eine Theorie schaffen, »als handele es sich um die Menschen«.

Zur Einstimmung: Formalisieren auf große und kleine Weise

Während der Gödel-Konferenz in Drushba in Bulgarien im September 1986 diskutierten wir die Beziehungen zwischen Logikern und Informatikern. Die Konferenz fand in einem Gewerkschaftshaus statt, und so sagte ich: »Wir sollten nicht mit Formalismen handeln, die sind zu groß. Wir sollten mit Verständnis handeln, in kleineren Dimensionen.« Daraufhin erzählte N. Shanin aus Leningrad die Geschichte von dem ersten Computer an der Lomonossov-Universität in Moskau: Wenn Leute kamen, um ihn zu besichtigen, bewunderten sie die riesige Maschine, wobei sie nur die Klimaanlage sahen. »Ähnlich ist es in der Logik«, sagte Shanin. »Wir haben große Formalismen, wie die Zermelo-Fraenkelsche Mengenlehre. Wir sollten uns um kleinere Formalismen bemühen, die nicht so das ganze Bild ausfüllen.«

Was meine ich also mit 'klein' und 'groß'? Beispiele von großen und kleinen Formalismen fallen einem schnell ein; aber sind sie wirklich so? Ich möchte zeigen: Formalismen selbst sind weder klein noch groß, sondern werden es dadurch, wie wir mit ihnen umgehen. Also formuliere ich meine Antwort um: Formalisieren auf große Weise behindert das Verstehen, auf kleine Weise hilft es.

Was können Informatiker und Logiker voneinander lernen? Ich verstehe diese Frage als das Leitmotiv dieses Symposions »Logik in der Informatik«. Wir sind auf beiden Seiten, in der Logik und in der Informatik, ins Formalisieren verstrickt: um Situationen aufzuhellen, Begriffe zu klären, den Sprachgebrauch festzulegen, Platz und Zeit beim Schreiben zu sparen, unser Gedächtnis zu entlasten und – heute das Allerwichtigste – fürs Mechanisieren vorzubereiten. Unser Ziel sind neue kompakte Sprachen mit fester Bedeutung.

Die Umgebung ist aber auf beiden Seiten verschieden. Informatiker entwerfen Formalismen, die mehr oder weniger direkt auf Maschinen implementiert und dann von Menschen benutzt werden sollen. Sie sind immer unter Druck von Benutzeranforderungen und technischen Bedingungen. Logiker formalisieren die Mathematik und haben direkt weder mit Benutzern noch mit Maschinen zu tun. Sie arbeiten freier, können sich auf das Verstehen der Formalismen konzentrieren. Informatiker andererseits sind sich eher bewußt, daß sie für Menschen und in der wirklichen Welt arbeiten. Logiker bauen ihre Formalismen leichter frei in die Luft.

Maschinen kann man formalisieren (wenn auch nicht vollständig) und so in die Theorien mit einbeziehen. Logiker und Informatiker könnten sich in Bezug auf Maschinen einig werden. Menschen kann man nicht formalisieren. Wie können wir Theorien entwickeln, die die Menschen miteinbeziehen – nicht als Nebenaspekt, sondern als wesentlichen Bestandteil? Also formuliere ich als mein Hauptproblem: Wir, Informatiker und Logiker, brauchen eine Theorie, »als ginge es um die Menschen«. Den Ausdruck entlehne ich dem Untertitel »Volkswirtschaft als ginge es um die Menschen« von E. F. Schumachers Buch »Die Rückkehr zum menschlichen Maß« [Literatur, Teil L6]. Der Originaltitel »Small is Beautiful« inspiriert mich zu der Antwort: Wenn wir auf kleine Weise formalisieren, beginnen wir, eine solche Theorie aufzubauen.

Ein Beispiel: Logische Formeln auswerten

Um mit etwas Konkretem anzufangen, will ich auf zwei unterschiedliche Weisen den Begriff des Wertes einer logischen Formel formalisieren, wie man das in Vorlesungen und Büchern macht. Das ist ein ganz einfaches, aber nützliches Beispiel, wenn Sie es nicht als »bloße Didaktik« abstempeln. Wenn wir auf große Weise lehren, forschen wir auch auf große Weise und umgekehrt. Ich bin nicht an Didaktik als solcher interessiert, aber an Lehre als einem wichtigen Teil der Wissenschaft. Wenn wir nach neuen Wegen für die Wissenschaft suchen, müssen wir mit dem Lernen anfangen.

Definition 1 (auf große Weise): Sei Σ eine Signatur, VR_Σ eine Menge von Variablen, TE_Σ die Menge der Σ-Terme, $FO_\Sigma^{(c)}$ die Menge der (geschlossenen) Σ-Formeln; sei A eine Σ-Struktur mit der Interpretation $\mathcal{I}$, sei VL_A die Menge der Belegungen $b\colon VR_\Sigma \to A$, sei $\mathbb{B}$ die Menge der Wahrheitswerte.

a) Die Funktion

$$\text{VALUE}_{\Sigma,A} : FO_\Sigma^{(c)} \to \mathbb{B}$$

definiert durch

$$\text{VALUE}_{\Sigma,A}(G) := \text{VAL}_{\Sigma,A}(G,b),$$

für abgeschlossene Formeln G und Belegungen b, liefert den *Wert* von G.

b) Die Funktionen

$$\text{val}_{\Sigma,A} : TE_\Sigma \times VL_A \to A \text{ und } \text{VAL}_{\Sigma,A} : FO_\Sigma \times VL_A \to \mathbb{B}$$

sind rekursiv definiert (die Indices Σ und A lassen wir weg):

$$\text{val}(x,b) := b(x),$$

$$\text{val}(f(t_1,\ldots,t_n),b) := \mathcal{I}(f)(\text{val}(t_1,b),\ldots,\text{val}(t_n,b)),$$

$$\text{VAL}(P(t_1,\ldots,t_n),b) := \mathcal{I}(P)(\text{val}(t_1,b),\ldots,\text{val}(t_n,b)),$$

$$\text{VAL}(G{*}H,b) := f^*(\text{VAL}(G,b),\text{VAL}(H,b)), \text{ wenn } {*} \in \{\wedge,\vee,\rightarrow,\leftrightarrow\}$$

$\text{VAL}(\neg G,b) := f_{\neg}(\text{VAL}(G,b))$

$\text{VAL}(\exists xG,b) := \bigcup_{d\in A} \text{VAL}(G,b[d\leftarrow x])$, entsprechend mit $\forall$ für $\cap$,

wobei $\cup$ und $\cap$ das Infimum bzw. Supremum in $\mathbb{B}$ sind.

In dieser Definition ist der Wert einer Formel als eine rekursive Funktion definiert; der Wert von Termen und Formeln mit freien Variablen wird durch Hilfsfunktionen definiert, die von Belegungen für die Variablen abhängen. Jetzt kann man Sätze beweisen, um zu zeigen, daß die Definition stimmt und welche Eigenschaften sie hat. Und man kann die Leser und Zuhörer an Beispielen herausfinden lassen, wie man sie benutzt, um tatsächlich Formeln auszuwerten. Das kostet Zeit und Kraft. Und die Auswertungen sind lang und mühselig. Erst müssen sie die Termstruktur aufbrechen (von der Wurzel zu den Blättern); dann werten sie von innen nach außen aus (zurück zur Wurzel), wobei sie die Belegung benutzen und abändern. Das ist für den Gebrauch auf Maschinen der richtige Weg, zum Beispiel wenn man einen PROLOG-Interpreter vorführen will; aber nicht fürs Arbeiten mit Papier und Stift, fürs Lehren und Lernen.

Definition 2 (auf kleine Weise): In einer Struktur A können wir Formeln passender Signatur mit den folgenden Regeln *auswerten* ($\Rightarrow$); dabei sind $d_1,\ldots,d_n$, d Daten aus A , und p, q sind Wahrheitswerte:

$f(d_1,\ldots,d_n) \Rightarrow d$, falls $f(d_1,\ldots,d_n) = d$ in A,

$P(d_1,\ldots,d_n) \Rightarrow W$, falls $P(d_1,\ldots,d_n)$ in A zutrifft; $\Rightarrow$ F sonst,

$p \wedge q \Rightarrow W$, falls p = T und q = T; $\Rightarrow$ F sonst,

entsprechend für $\vee$, $\rightarrow$, $\leftrightarrow$ und ‘oder’, ‘wenn dann’, ‘genau dann wenn’,

$\neg p \Rightarrow W$, falls p = F; $\Rightarrow$ F sonst,

$\exists xG \Rightarrow W$, falls $G[d\leftarrow x] \Rightarrow \ldots \Rightarrow W$ für irgendein $d\in A$; $\Rightarrow$ F sonst,

entsprechend für $\forall$ und ‘für alle’.

Auf diese Weise erhalten wir für jede Formel G ohne freie Variable einen eindeutigen *Wahrheitswert*, den wir mit $\text{VALUE}_A(G)$ bezeichnen. Für Formeln mit einer freien Variablen, zum Beispiel x, und einer Belegung b dafür definieren wir

$\text{VAL}_A(G,b) := \text{VALUE}_A(G[b(x)\leftarrow x])$.

Hier beschreiben wir durch Regeln, wie die Teilnehmer eine Formel von innen nach außen auswerten können. Variablen sind stets gebunden, entweder explizit durch Quantoren, oder implizit wie zum Beispiel in Funktionsdefinitionen oder in mathematischen Beweisen. Beim Auswerten schreiben wir Datennamen für Variable in die Formeln hinein; so vermeiden wir die Belegungen. Durch die Regeln beschreiben wir Rechenvorgänge, und bringen so die Teilnehmer dazu, Auswertungen wirklich durchzuführen und so zu verstehen, um was es geht. Das ist ein menschengerechter Zugang. Erst wenn der Begriff 'Wert einer Formel' verstanden ist, definieren wir die Wertfunktion – auch für Formeln mit freien Variablen, falls wir das brauchen, um den Formalismus weiterzuentwickeln oder zu implementieren. – Ich werde das Beispiel später weiterdiskutieren.

'Formalisieren' und 'Verstehen' verstehen und formalisieren

Formalisieren heißt in feste Form bringen. Das ergibt keinen Sinn, wenn wir 'Form' als Gegenstück zu 'Inhalt' auffassen. Wir können nichts, was keine Form hat, reiner Inhalt ist, nehmen und in Form bringen. Bei Gregory Bateson habe ich das Paar 'Form' und 'Prozeß' kennengelernt.[31] 'Prozeß' ist, was geschieht. Wir denken und reden, wir befehlen und gehorchen, wir hoffen und fürchten, wir handeln. Prozesse laufen in vorgegebenen Formen ab und bringen neue Formen hervor. Die Formen zu den eben genannten Prozessen sind Begriffe und Worte, Regeln, Werte und Wille, und Dinge. Im Beispiel des letzten Abschnitts werten wir Formeln solange aus, bis sich die Begriffe der Auswertung und des Werts einer Formel ausgeformt (!) haben; dann machen wir weiter mit Hilfe dieser neuen Formen.

Da Formen und Prozesse sich gegenseitig bedingen und hervorbringen, formen (!) sie zusammen eine Zick-Zack-Leiter oder Spirale, mit einer festgelegten Richtung:

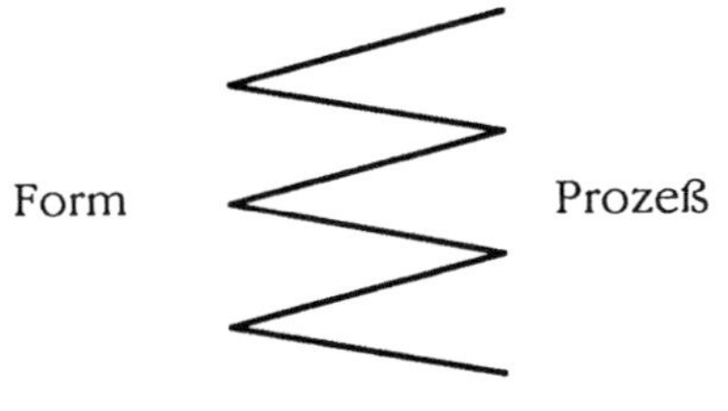

31 Bateson hat als Biologe, Anthropologe und Psychiater gearbeitet und dabei eine Theorie lebender Systeme, eine Theorie des Geistes, entwickelt. Wer mehr darüber lesen will, lese seine Bücher »Ökologie des Geistes« und »Geist und Natur« [L2]. Auch in den anderen Arbeiten in diesem Band kommt er immer wieder vor.

In Form bringen heißt Formen wählen, die zu gegebenen Prozessen passen, Kontexte angeben, etwas Geschehenes verstehen. Kreativ sein heißt Prozesse in Gang bringen, die zu gegebenen Formen passen, Kontexte benutzen, etwas zu tun verstehen. Nur durch Verstehen in beiderlei Sinn des Wortes halten wir die Spiralen in Gang. Es gibt viele solche Spiralen, für jeden andere, sie hängen zusammen, greifen in verschiedene Dimensionen.

Also haben die Logiker es mit Formen zu tun, die Informatiker mit Prozessen? Nein. Prozesse laufen in der Zeit ab, wir erleben sie, sie verändern etwas. Formen sind fest, aus der Zeit herausgenommen, gefrorene Prozesse. (Ganz stimmt das nicht: Formen ändern sich auch, aber viel langsamer. Es gibt keine absolute Unterscheidung zwischen Form und Prozeß.) Mit einer wissenschaftlichen Sprache können wir nur beschreiben, wie die Welt ist, nicht wie etwas geschieht; wir beschreiben Eigenschaften, Zustände, das heißt Formen. In der Alltagssprache können wir Prozesse beschreiben: »Der Pfeil fliegt.« Als Wissenschaftler können wir nur sagen, wo der Pfeil zu einem gegebenen Moment ist. Das war Zenons Problem.

Insbesondere sind algorithmische Prozesse keine Prozesse, sondern diskrete Folgen von Zuständen, also Formen. Wir können keinen Schritt in einer solchen Folge beschreiben, nur was vorher und nachher war. In der stetigen Mathematik sieht es so aus, als beschrieben wir Prozesse. Aber die Beschreibung ist abstrakt; sobald wir zu rechnen anfangen, sind wir wieder bei den diskreten Folgen. Kurz gesagt: Prozesse erleben wir, aber wir können sie nicht wissenschaftlich beschreiben. Formen beschreiben wir, aber wir können sie nicht direkt erleben.

Formalisieren ist das wichtigste Hilfsmittel in der Wissenschaft; und das gefährlichste. Zu leicht bleiben wir in Formen stecken, vergessen die Prozesse, verlieren das Verständnis. Wie können wir die Spiralen in Gang halten und auf kleine Weise formalisieren?

Klein und groß

Ich habe in früheren Arbeiten beschrieben, was ich mit großen und kleinen Systemen meine und fasse es hier nur kurz zusammen. Unter einem *System* verstehe ich eine Gruppe von Menschen, die mit Hilfe irgendwelcher Werkzeuge an einer Aufgabe arbeiten. Zum Beispiel bilden zwei Wissenschaftler und drei Studenten, die eine Lehrveranstaltung »Logik für Informatiker« vorbereiten, ein System; der Prädikatenkalkül ist vielleicht ihr Werkzeug, aber kein System. Die Fünf verstehen sich als System, weil sie in verschiedenen *Hinsichten* geeint sind: Sie benutzen *Mittel,* wie Bücher, Stift und Papier, ein Textsystem. Sie beachten

Regeln, wie Treffzeiten und Studienordnung. Sie verständigen sich in formalen und informalen *Sprachen*, verlassen sich dabei auf *Begriffe* oder hinterfragen sie. Sie einigen sich über *Werte*, zum Beispiel über Wert und Unwert von Formalisierung, und sind verbunden durch den *Willen*, zum Beispiel zu kommunizieren oder eine schöne Lehrveranstaltung hinzukriegen.

Wir wissen, wie solch ein System aus den Fugen gerät, wenn es zahlenmäßig zu groß wird – schon wenn nur drei Wissenschaftler und 15 Studenten sich einigen sollen. Dieselben Effekte treten aber auch auf, wenn das System in einer der genannten Hinsichten unmäßig wird. Wir können das Gleichgewicht zerstören, wenn wir den Gesichtspunkt der Implementierung zu sehr in den Vordergrund rücken, wenn wir die Umgangsformen festnageln, oder die Unterrichtssprache formalisieren, oder unsere Begriffe nicht abklopfen und am ärgsten – wenn auch am seltensten bedacht –, wenn wir mit Todesverachtung oder wilder Entschlossenheit bei der Sache sind. Ähnlich gerät das System aus der Bahn, wenn es zu klein wird, nicht nur zahlenmäßig, sondern zu gering in irgendeiner Hinsicht. Deswegen nenne ich ein System *klein*, wenn es in allen Hinsichten angemessen ist; ist es übermäßig oder unterbemessen in irgendeiner Hinsicht, nenne ich es *groß*.

Für eine genauere Diskussion verweise ich auf die anderen Arbeiten. Ich zitiere nur drei Konsequenzen:

(1) 'Klein' und 'groß' sind nicht Eigenschaften eines Systems, sondern unsere Weise, darin miteinander umzugehen; das habe ich gleich zu Anfang vorweggenommen.

(2) Ein System, das in einer Hinsicht groß oder klein ist, ist meist genauso in den anderen Hinsichten. Mißtraue ich meinen Mitarbeitern, so werde ich strikte Regeln aufstellen und mich hüten, offen zu reden und frei zu denken; vielleicht überwache ich sie gar mit kostspieligen Geräten. Sind sie mir dagegen egal, wird mir das Projekt auch in anderen Hinsichten gleichgültig sein. Weil die Hinsichten nicht unabhängig sind, vermeide ich, sie 'Dimensionen' zu nennen.

(3) 'Groß' und 'klein' sind keine Gegensätze, sondern Kleines findet sich zwischen zu Kleinem und zu Großem. Es liegt allerdings nicht auf dem goldenen Mittelweg, eher auf den verschlungenen Pfaden, die sich zwischen den Extremen schlängeln, einmal dieser Hinsicht, einmal jener sich nähernd.

Jetzt paßt das Bild zum Batesonschen Form-Prozeß-Zickzack. Wenn wir in Formen stecken bleiben, wird das System zu groß; es wird zu klein, wenn wir draufloshandeln und die Formen vernachlässigen. Wenn wir die Spiralen in allen

Hinsichten in Gang halten, zwischen den Extremen schaukeln, dann bleibt das System klein. 'Auf kleine Weise formalisieren' ist nicht ein Widerspruch in sich, sondern stellt eine doppelte Aufgabe dar: Wir müssen die ganze Zeit alle Hinsichten berücksichtigen, und wir müssen wechseln zwischen kräftigen Schüben in Richtung 'Form' (Formalisieren) und ebenso kräftigen Schüben in Richtung 'Prozeß' (Benutzen). Das zweite ist ein wohlbekanntes Prinzip, das aber meist nur halbherzig angewendet wird: man soll Definitionen durch Beispiele veranschaulichen. Eigentlich besagt das Prinzip aber: Formalisieren hilft beim Verstehen nur, wenn man auf vertrautem Boden baut. Der erste Teil der Aufgabe erscheint unmöglich: Formalisieren ist ein sprachlicher Vorgang, wir reduzieren das System auf Worte, Begriffe und Regeln, also auf drei der Hinsichten; dabei muß es groß werden. Das stimmt, wenn wir mit dem Formalisieren, wie im ersten Abschnitt formuliert, auf »neue kompakte Sprachen mit fester Bedeutung« abzielen. Sehen wir stattdessen formale Systeme als scharfe Werkzeuge an, mit denen wir anderen und uns selbst helfen können, Situationen zu untersuchen, dann berücksichtigen wir ihre Möglichkeiten, Nöte und Wünsche und haben so alle sechs Hinsichten im Blick. Wir formalisieren, »als ginge es um die Menschen«.

Ebenso müssen wir beherzigen, daß ein System nur klein bleibt, wenn es zwischen den beiden Modi von Prozeß und Form, von 'zu groß' und 'zu klein', hin- und herpendelt. Wir können die Gefahren des Formalisierens nicht dadurch vermeiden, daß wir halbherzig formalisieren. Wenn wir nicht gelernt haben, strikt formal zu arbeiten, können wir keinen Formalismus als Werkzeug benutzen; erst recht können wir Formalismen und Formalisieren nicht beurteilen. Wir kennen keine Formalismen wirklich (ärmliche Mittel), haben Angst, sie zu benutzen (Werte und Wille negativ), sind unsicher (ungewisse Regeln), unsere Gedanken und Worte sind rigide und schematisch oder fahrig und unpassend.

Das Anfangsbeispiel aus der Sicht der Theorie

Betrachten wir als System wieder die Gruppe von Informatikern, die gemeinsam die »Logik für Informatiker« vorbereiten. Was können sie aus dem Gesagten lernen? Sie sollten schließen: Wir können Formen nicht als fertige Produkte vermitteln; wir müssen Prozesse in Gang setzen, durch die wir und andere die Formen hervorbringen. Ob wir einen Formalismus lernen, entwickeln, lehren oder benutzen wollen, immer müssen wir auf vertrautem Grund anfangen, um den Verstehensprozeß in Gang zu bringen.

Deswegen ist es für Studenten, die das Auswerten von Formeln noch nicht kennen, besser, mit Auswertungsregeln als mit einer Funktionsdefinition anzufangen.

Mit den Regeln beschreiben wir das Auswerten, wie es ihnen aus der Mathematik vom Rechnen per Hand geläufig ist. Werten sie jetzt gemäß der Regeln aus, erwächst ihnen der formale Begriff der Auswertung aus dem intuitiven Verständnis und wird so anschaulich (= sichtbar!). Dann können wir den Begriff benennen und Eigenschaften beweisen, zum Beispiel die rekursiven Gleichungen für die Wertfunktion. Schließlich führen wir Belegungen von Variablen ein und lassen sie Formeln mit freien Variablen relativ zu einer Belegung auswerten. Das brauchen wir, wenn wir Funktionen und Prädikate mit Hilfe von Termen und Formeln definieren wollen. Implementierung dagegen sollte kein Grund sein, Formeln und Daten zu trennen. Im Computer sind Daten irgendwie repräsentiert, und wir können sie, ohne Schaden anzurichten, in Formeln einsetzen. Auf der technischen Ebene arbeiten wir sowieso mit Zeigern, zumindest wenn die Daten groß sind oder oft geändert werden müssen. Aber warum sollten wir uns, wenn wir den Grund für einen Formalismus legen, nach einem Implementierungsdetail richten? Ein letztes Argument: Wenn wir Auswerten mit Hilfe von Regeln einführen, können wir Auswertungsstrategien, wie call-by-value, explizit formulieren; in den rekursiven Gleichungen sind sie wohlversteckt.

Überhaupt erscheint es sinnvoller, Formalismen mit einer operationalen Semantik einzuführen und eine mathematische Semantik später zu gewinnen. Andersherum erdrücken wir etwas Grundlegendes und Einfaches mit einer großen Maschinerie. Fixpunktsemantik ist wunderschön, um formal damit zu arbeiten, und ist wichtig für gewisse Grundlagenprobleme. Aber wenn wir PROLOG oder das Rechnen mit rekursiven Definitionen so erklären, zäumen wir das Pferd am Schwanze auf. Ganz ähnlich, wenn wir die Konfigurationen von Turingmaschinen in Wörter verschlüsseln: Das ist nötig, um Berechnungen zu codieren; um zu verstehen, wie eine Turingmaschine arbeitet, ist es nur hinderlich.

Lassen Sie mich noch zwei spezielle Aspekte des Beispiels diskutieren. Beim einen geht es um *Signatur und Struktur*. Beim Kleine-Systeme-Zugang fange ich mit einer irgendwie gegebenen Struktur mit Operationen an (die Prädikate sollen im Moment dazugehören). Für die Operationen habe ich Namen: Operationssymbole mit einer festen Bedeutung in der Struktur. Die Signatur ist nichts als die Ansammlung dieser Symbole. Also benutze ich dieselben Symbole in der Objektsprache (Signatur) und in der Metasprache (Struktur) und brauche keine Interpretationen: die Symbole haben in der Struktur schon eine Bedeutung. Ich filtere einfach die Objekt- aus der Metasprache heraus, indem ich Regeln für Aufbau und Auswerten von Formeln aufstelle; das ist viel natürlicher, als neue Zeichen zu erfinden und die Objektsprache wie ein Mondkalb neben die Metasprache zu stellen.

Eine andere Sache ist es, wenn ich logische Folgerung, Allgemeingültigkeit oder so etwas definieren will. Dann ist die Signatur nichts als eine Sammlung von Symbolen, ich betrachte beliebige Strukturen passenden Typs, und dann brauche ich Interpretationen, um den Symbolen Operationen zuzuordnen. Aber ohne Bedeutung sind die Symbole keine Namen, sondern Variable; eine Interpretation I der Operationsvariablen f und g ist eine Belegung f_A und g_A in der Struktur A, etwa I(f) = add und I(g) = mult in $\mathbb{N}$. Beim Große-Systeme-Denken sind mir solche Unterschiede egal, und ich gehe mit beiden Situationen auf dieselbe Weise um. Dabei verdopple ich Namen auf unnötige und verwirrende Weise: I(add) = $\underline{\text{add}}$, I(mult) = $\underline{\text{mult}}$. Was sollen diese Schattenwesen?

Ein kleines Problem entsteht beim Kleine-Systeme-Zugang, wenn ich in Beweisen über beliebige Terme spreche. Dann muß ich aufpassen, Terme und Werte nicht durcheinanderzuwerfen. Bei der Auswertung

$$7+2' \Rightarrow (7+2)' \Rightarrow \ldots \Rightarrow 9' \Rightarrow 10$$

gibt es kein Problem; aber für beliebige $x,y \in \mathbb{N}$ muß ich in der Auswertung

$$x+y' \Rightarrow (x+y)' \Rightarrow \ldots \Rightarrow (\underline{x+y})' \Rightarrow \underline{(x+y)'}$$

den Term x+y und seinen Wert $\underline{x+y}$ unterscheiden. (Ich könnte auch VALUE(x+y) benutzen.) Ein echtes Problem entsteht nur beim Arbeiten mit Termstrukturen.

Beim zweiten Aspekt geht es um *Daten in Termen und Formeln.* Genauso wie wir Operationssymbole als Namen für Operationen benutzen, verwenden wir Datendarstellungen als Namen für Daten. Deswegen schreibe ich beim Auswerten Daten(darstellungen) ohne Skrupel in Terme und Formeln hinein, wie wir das aus der Mathematik gewöhnt sind. Auf diese Weise muß ich Datennamen nicht verdoppeln, wie in I(0) = $\underline{0}$; und ich brauche keine Belegungen für Variable einzuführen. Wenn wir an gewissen Daten besonders interessiert sind, nehmen wir ihre Namen in die Signatur auf und nennen sie Konstanten, wie $0 \in \mathbb{N}$, $W,F \in \mathbb{B}$, $\pi, e \in \mathbb{R}$. Andere Daten bezeichnen wir in der Objekt- und in der Metasprache durch Terme (ausgewertet oder nicht), beliebige Daten durch Datenvariable. So können wir sagen:

Die Formel $(\forall x)x+0=x$ ist in $\mathbb{N}$ wahr

(oder gleichwertig: die Formel $x+0=x$ ist in $\mathbb{N}$ gültig),

da für alle $x \in \mathbb{N}$ die Formel $x+0=x$ in $\mathbb{N}$ wahr ist.

Für solche Gelegenheiten könnte es hilfreich sein, zwischen Formeln (der Signatur entsprechend aufgebaut), Formeln mit Variablen (zusätzlich freie Variable enthaltend) und Datenformeln (mit Daten anstelle freier Variablen) zu unterscheiden. Das ist immer noch einfacher, als die Daten künstlich aus den Formeln herauszuhalten.

Wenn wir über beliebige Strukturen sprechen, werden die Konstanten zu Datenvariablen, so wie vorhin Operationsnamen zu Operationsvariablen wurden. Sie können nicht wie die Datenvariablen der Objektsprache durch Quantoren gebunden werden, aber wir müssen sie interpretieren.

In beiden Fällen sehen wir, wie wichtig es ist, Namen und Variablen auseinanderzuhalten. Namen haben Bedeutung, Variable nicht. Variable werden mit Hilfe von Belegungen oder Interpretationen durch Namen ersetzt. Namen kann man nicht interpretieren. (Natürlich können wir Namen ändern, wenn wir wollen.)

Unterm Strich: Können wir voneinander lernen?

Wir suchen nach einer Theorie, »als ginge es um die Menschen«. Die Logiker arbeiten an einer Theorie der Mathematik, die Theoretischen Informatiker an einer Theorie der Informatik (nicht des Computers). Die korrekte Frage ist also: Was können Theoretische Informatiker und Logiker voneinander lernen? Und nicht: Was können Theoretiker und Praktiker voneinander lernen? Trotzdem werde ich mich in meiner Antwort auf das unterschiedliche Verhältnis dieser beiden Sorten Theoretiker auf ihr jeweiliges Praxisgebiet beziehen.

Ich habe oben behauptet, daß Wissenschaftler sich mit Formen, mit Beschreibungen, befassen, und nicht mit Prozessen. Die Informatiker starren auf die Technik: Maschinen, Methoden, Programme; und vernachlässigen die anderen drei Hinsichten. Sie kümmern sich normalerweise nicht um menschliche Aspekte, obwohl sie ja Systeme für den menschlichen Gebrauch entwerfen. Diese Haltung führt zur »Softwarekrise«: Der Systementwurf wird immer aufwendiger, aber die Ergebnisse immer weniger zuverlässig. Informatiker versuchen, die Erwartungen und Gewohnheiten von Menschen allein im Programm auszudrücken, und dadurch werden die Systeme groß – »zu komplex« sagen sie dann.

Mathematiker starren auf die Formalismen: Begriffe, Methoden, Kalküle; und vernachlässigen die anderen drei Hinsichten. Menschliche Aspekte kommen bei ihrer Arbeit nicht vor und zumindest in der Reinen Mathematik die Frage der praktischen Verwendbarkeit auch nicht. Das führt zur »Krise der neuen Mathematik«: Die Formalismen sind für einen Außenstehenden unverständlich und oft nicht anwendbar. Das sollte niemanden überraschen; Mathematiker denken über Formalismen nach, nicht über etwaige Benutzer.

Informatiker reagieren auf die Softwarekrise unterschiedlich. Die Maschinenfreaks produzieren schnellere und zuverlässigere Maschinen. Die Theoretiker kämpfen für striktere Formalisierung, auch des menschlichen Verhaltens; die Benutzer erscheinen als formale Moduln unter anderen. Beide treffen den Kern des Problems nicht, sondern machen die Systeme noch schwieriger zu verstehen und damit sinnvoll zu benutzen. Daneben gibt es aber einen dritten Trend, den man durch 'Partizipation – Teilhabe' kennzeichnen kann. Durch Phasen, in denen man zwischen Entwurf und Benutzung wechselt, oder durch direktes Zusammenarbeiten von Benutzern und Entwerfern sucht man rechnergestützte Systeme klein zu halten oder zumindest als Systeme im Kleine-Systeme-Sinn zu verstehen. Als gute Beispiele sollten Sie die Arbeiten von Christiane Floyd und Reinhard Keil-Slawik [L5] ansehen. Beachten Sie dabei die Themen der Sammelbände: »Systementwurf für, mit und durch den Benutzer«, »Systementwurf für Entwicklung und Produktivität der Menschen: Partizipation und darüber hinaus«.

Die beste Arbeit über Theorie, die ich kenne, ist von einem Informatiker: Peter Naur schreibt über »Programming as Theory Building« [L5]. Nach seinem Verständnis bauen Leute, die ein Softwaresystem entwerfen, dabei eine Theorie auf, in die ihre Begriffe und Fähigkeiten, ihre Zu- und Abneigungen und ihre Einsichten eingehen. Davon ist das meiste nicht formalisiert und vieles nicht formalisierbar. Deswegen stirbt das System, wenn die Entwickler gehen, und kann nicht wieder ins Leben zurückgerufen werden – und sei es noch so gut dokumentiert. Peter Naur ist kein Theoretiker. Theoretiker beider Lager, Informatiker und Mathematiker, haben noch einen weiten Weg vor sich, bis sie ein solches Verständnis von Theorie erreichen.

Hierher passen die Bücher »Notes on the Synthesis of Form« von Christopher Alexander und »The Concept of Mind« von Gilbert Ryle [beide in L4]. Nach Ryle, auf den sich auch Peter Naur bezieht, benutzt der Geist Begriffe als Hilfsmittel, ist aber nicht auf diese Tätigkeit reduzierbar. Alexander beschreibt, wie früher Kunst und Handwerk durchs gemeinsame Arbeiten erlernt wurden; erst später wurde Wissen in Form allgemeiner Begriffe und Regeln zu ihrer Verwendung vermittelt. Beide sind sich einig, daß Theorie nicht abstrakt ist. Ryle ist Philosoph, Alexander Architekt.

Auch in der Mathematik finden sich die unterschiedlichsten Reaktionen, obwohl die »Krise der neuen Mathematik« nicht so in aller Munde ist wie die Softwarekrise. Man kann eine Tendenz weg vom Bourbakismus hin zu einer weniger abstrakten, mehr rechenorientierten Mathematik beobachten. Auch hier gibt es die Maschinenfreaks, die eine computer- oder technikorientierte Mathematik durchsetzen wollen. Und auch hier streben die Theoretiker, das heißt die Logiker, nach mehr Formalisierung. Mathematiker haben für gewöhnlich nichts mit formalen Beweisen im Sinn; sie benutzen Beweise, um andere und sich zu überzeugen. Diese Einsicht erscheint in keiner logischen Theorie.

Es gibt Ausnahmen. Imre Lakatos läßt uns in seinem wunderschönen Buch »Beweise und Widerlegungen« [L6] an der Entwicklung einer Theorie der Polyeder teilhaben. Er zeigt dabei, wie wir dadurch, daß wir einen Begriff formalisieren, unsere Intuition verbessern oder zerstören können. Durch Formalisierung beschreiben wir nicht nur unsere Wirklichkeit ganz präzise. Wir formen sie auch, weil wir unserer Beschreibung gemäß sehen und handeln. Lakatos ist kein Logiker, sondern Philosoph. »Beweisen und Widerlegen« wäre ein schönerer Titel für das Buch.

Was können wir also lernen? Die Botschaft der Kleine-Systeme-Theorie ist: Wir dürfen in keiner Hinsicht beim Formalisieren die Menschen aus den Augen verlieren. Eine schlichte Folgerung ist, daß man Logik und (praktische) Informatik nicht direkt verkuppeln, sondern über die Theorie in Beziehung setzen sollte. Ein zum Computernarr gewordener Logiker wird schnell alle möglichen Programmiertricks lernen; aber er wird kaum die Maschine als etwas sehen können, das von Menschen entworfen und benutzt wird, sondern er wird Maschine und Formalismus gleichsetzen. Und ein Informatiker, der einen Logik-Formalismus importiert, ohne ihn verstanden zu haben, wird ihn nicht als Werkzeug nutzen, wird ihn zum Beispiel nicht ändern können. Beide brauchten eine Theorie im Sinne Peter Naurs. Um auf das Beispiel der Lehrveranstaltung »Logik für Informatiker« zurückzukommen: Ein Logiker, der hier seinen ihm geläufigen Prädikatenkalkül lehrt, ohne dabei über logische Programmierung nachzudenken, ist genauso schlimm wie ein Informatiker, der drüben die Grundlagen der logischen Programmierung unterrichtet, ohne den Geist der Logik zu kennen.

Wichtiger sind, scheint mir, die Lektionen für die Theoretiker auf beiden Seiten. Die Theoretischen Informatiker, die in ihrem Gebiet die menschlichen Aspekte sehen, können versuchen, sie in ihren Theorien zu berücksichtigen. Das können sie, und nur sie, ihren Logik-Kollegen beibringen, die in der Mathematik weder Notwendigkeit noch Möglichkeit dafür sehen. Im Gegenzug könnten die Logiker den Theoretischen Informatikern deutlich machen, daß Mechanisierung das Endergebnis, nicht der Ausgangspunkt der Formalisierung ist. Eine Theorie, die nicht anwendbar ist, ist wertlos. Eine Theorie, die man nur entwickelt hat, um einen Computer zu beschleunigen, ist ärger. Beide sind aus dem Gleichgewicht. Eine Theorie, soll sie lebendig sein, muß klein sein.

Wenn wir das beherzigen, können wir auf beiden Seiten, in der Logik und in der Informatik, lernen, auf kleine Weise zu formalisieren. Wir sollten nicht Formalismen immer detaillierter ausarbeiten, um sie dann zu transferieren. Stattdessen sollten wir unsere Vorstellungen anschaulich, unsere Visionen sichtbar machen, wie es Künstler tun. Darüber schreibt Paul Feyerabend in »Wissenschaft als Kunst« [L6]. So vertiefen wir das Verständnis.

Wie sollen wir über Beweise und Programme reden?

Warum macht es solchen Spaß, formal zu arbeiten und darüber zu reden, wenn es doch so langweilig ist, zuzuhören? Wenn ich so frage, stelle ich mich nicht nur als lamentierender Lehrer bloß. Hinter der Frage steckt ein allgemeines Problem der Naturwissenschaften – insbesondere der Mathematik und der Informatik –, das in der Kommunikation sichtbar wird: Wann ergibt ein Beweis oder ein Programm Sinn? Ich suche in dieser Arbeit nach Gründen für das Ärgernis und versuche Antworten. Wir alle müssen uns um eine Rhetorik der formalen Wissenschaften bemühen.[32]

---

[32] Im Sommer 1988 ließ ich mich von meiner Kollegin Christiane Floyd zu einem gemeinsamen Seminar über das Buch »Soziale Systeme« von Niklas Luhmann [Literatur, Teil L4] hinreißen. Von allen – ihm und ihr und den Teilnehmern – lernte ich viel über Kommunikation. Das half mir, die Vorbereitung der Konferenz zu unterstützen, aus der das Buch hervorging, in dem diese Arbeit ursprünglich erschien. In der reinigenden Atmosphäre von Schloß Eringerfeld kamen sich die Teilnehmer näher, während sie formale und informale Kommunikation erforschten und versuchten. Die vorliegende Arbeit erwuchs aus den Diskussionen, dort und anschließend.

Eine Frage zum Anfang

Warum macht Formalisieren so viel Spaß, wenn wir daran arbeiten oder darüber reden, und langweilt uns so, wenn wir zuhören sollen? In welche Begeisterung geraten wir, wenn wir einen neuen Satz beweisen oder ein Programm entwickeln, oder gar wenn wir so etwas jemandem erklären! Dieser Jemand mag ein Kollege sein oder die Studenten in einer Vorlesung oder die Zuhörerschaft auf einer Konferenz. Aber zeigen wir dieselbe Begeisterung, wenn wir selbst der Jemand sind, ohne an der Arbeit beteiligt oder wenigstens aktiv in dem Gebiet zu sein? Warum meiden die Studenten mathematische Vorlesungen? Warum schlafen wir bei Vorträgen ein? Mit dem Schreiben und Lesen von Arbeiten steht es nicht so viel anders. Oder bin ich der einzige, der gern Mathematik macht, aber möglichst die Arbeiten anderer nicht liest ?

Formalisieren scheint immer diesen Effekt zu haben: Es macht das Leben leichter, aber öder. Auf der Autobahn fährt es sich glatter als auf einer Landstraße; die Gefahr ist, daß wir einschlafen. Genauso steht es mit den formalisierten Pfaden anderer Leute: Wir haben ihnen zu folgen, rechts ein Zaun, links ein Zaun, Entscheidungen sind überflüssig, ja unerwünscht. Wenn wir dagegen nach einem Beweis fahnden oder an einem Programm basteln, müssen wir kreativ sein. Ähnlich sieht es aus, wenn wir über ein Ergebnis schreiben oder sprechen: Sobald wir einen Beweis darstellen, überkommt uns wieder die Begeisterung des ersten Mals, als wir ihn fanden – oder verstanden, wenn es nicht unser eigener ist.

Das ist also eine erste Antwort auf die Eingangsfrage: Unsere eigenen Wege gehen macht Spaß, geschickt werden nicht. Gregory Bateson beschreibt in seinen Büchern »Ökologie des Geistes« und »Geist und Natur« [L2] das duale Paar *Form* und *Prozeß*. Prozesse laufen ab – in gegebenen Formen, so wie Autos auf Fahrbahnen laufen. Und sie führen zu neuen Formen, so wie mehr Verkehr zu mehr Autobahnenn führt, und die wieder zu mehr Verkehr. Wir formalisieren, um Ordnung in die Welt zu bringen und so anderen unsere Sicht zu verordnen. Wenn ich etwas beweisen kann, müssen alle es mir glauben; sie müssen sogar meinen Weg zu dem Theorem nachgehen. Wenn ich ein Programm schreibe, ist es erst die Maschine, die mir folgen muß. Aber bald ist es mein Nächster, besonders wenn ich Theoretiker bin.

In der Softwaretechnik bemüht man sich derzeit sehr darum, die produktorientierte Sichtweise durch die menschzentrierte zu ersetzen.[33] Was für ein Gegensatz wird da aufgebaut? Wie kann es sein, daß Menschen sich um Produkte

---

[33] Siehe zum Beispiel das Buch »People or Computers: Three Ways of Looking at Information Systems« von Markku Nurminen [L5].

statt um Menschen kümmern? Mein Produkt ist mein Baby, ein Abbild meiner selbst. Wenn ich es vorstelle, stelle ich mich selbst in den Mittelpunkt, ohne rot werden zu müssen. Wie Gordon Pask es in einem Gespräch während dieser Tagung formulierte: »Die vorherrschende Sicht in den Naturwissenschaften ist die Ich-Ich-Ich-Perspektive statt der Ich-Du-Perspektive. Das ist es, was sich ändern muß.«

Wie können wir das, was wir gelernt haben, anders weitergeben als in Form von Produkten? Gibt es einen Weg, die Prozesse, die wir durchlaufen haben, in anderen in Gang zu bringen? Das klingt wie eine moralische Frage. Was hat Formalisieren mit Moral zu tun? Es sieht so aus, als habe meine rasche Antwort auf die Ausgangsfrage – wie das so ist mit raschen Antworten – neue Fragen aufgeworfen statt die ursprüngliche zu beantworten. Versuchen wir es noch einmal mit einer mehr traditionellen Frage, bei der wir von gesichertem Grund ausgehen.

Was ist ein Beweis?

Jeder Logiker kann Ihnen das sagen: Beweise sind Bäume. In einem Beweis steigen wir von Axiomen, Voraussetzungen, Hypothesen in logischen Schritten zu den Aussagen ab, die wir beweisen wollen. In dem Beweisbaum stehen also die Axiome an den Blättern, die logischen Schritte an den Astgabeln und das zu beweisende Theorem an der Wurzel. »Quod erat demonstrandum – was zu beweisen war« schreiben wir darunter

In der Praxis kommen solche Beweise nicht vor, wie jeder Logiker zugeben würde. Im Prinzip könnte man aber jeden Beweis in logische Schritte zerlegen und so in Baumform bringen. Wir müssen nur das Zufällige wegpusten, das Vergängliche fortlassen, uns auf das Wesentliche konzentrieren, die zugrundeliegende Struktur herausarbeiten – simsalabim, da ist der Beweisbaum! Wie auf der nächsten Seite illustriert.

Wenn Mathematiker einen Satz beweisen, gehen sie anders vor. Nicht daß sie nachlässig oder faul wären; nein, durch einen formalen Beweis hätten sie gar nichts bewiesen. Wir könnten überprüfen, ob er korrekt ist, sogar mit einer Maschine. Aber wir wären nicht in der Lage, ihn zu verstehen, und damit auch nicht den Satz, der dadurch bewiesen sein soll.

In der Tradition unterscheidet man rationales und rhetorisches Reden. Wenn wir rational reden, wollen wir etwas »beweisen«: Wir schreiten in unmittelbar einleuchtenden Schritten von evidenten Axiomen zu abgeleiteten Aussagen fort. Jeder vernünftige Mensch muß das akzeptieren.

Ein ganz gewöhnlicher Beweis:

Puste das Zufällige weg,

laß' das Vergängliche fort,

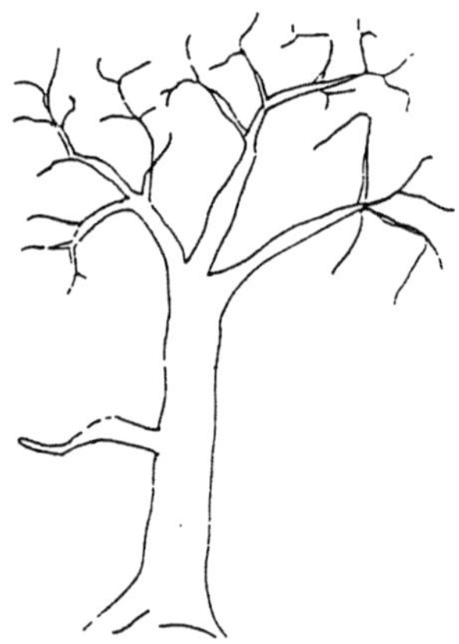

konzentriere dich aufs Wesentliche,

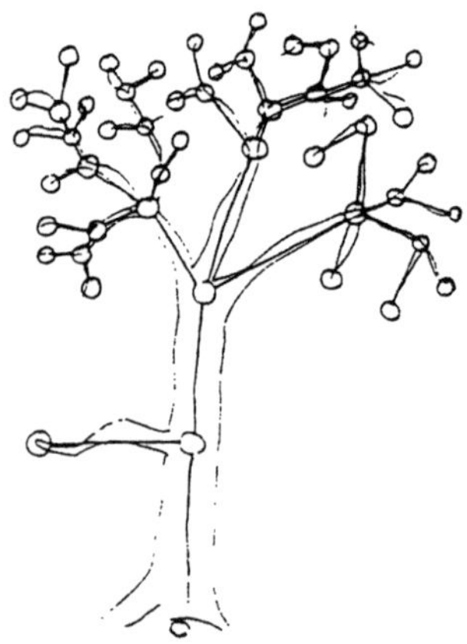

arbeite die zugrundeliegende Struktur heraus,

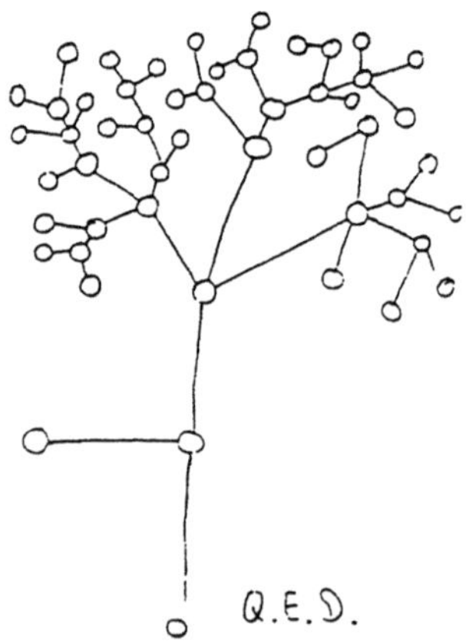

simsalabim, da ist der Beweisbaum!

Wie man einen ganz gewöhnlichen Beweis in einen Beweisbaum verwandelt.

Wenn wir rhetorisch reden, versuchen wir, unsere Ideen »klarzumachen«, indem wir uns auf persönliche Erfahrungen beziehen, uns einer bildlichen Sprache bedienen und Analogien verwenden, um unsere Zuhörer zu überzeugen. Ob wir dabei erfolgreich sind, hängt weniger davon ab, was wir sagen, als wie wir es sagen. Insbesondere müssen wir nicht selbst an das glauben, was wir sagen. In der rationalen Tradition wird Rhetorik zur Kunst, die Zuhörer aufs Kreuz zu legen. Eine »rhetorische Frage« ist eine Scheinfrage.

Paul Feyerabend macht sich in seinem Buch »Wissenschaft als Kunst« [L6] über die rationale Tradition lustig, wenn er erklärt, warum sie so erfolgreich ist. »Beweise sind Geschichten, die sich selber erzählen«, ist seine Definition. Geschichtenerzähler müssen ihre Geschichten gut bringen, wenn sie wollen, daß man ihnen glaubt. Solche Mühe muß man sich bei einem Beweis nicht geben: Die Begriffe, die man benutzt, sind so allgemein, daß der ganze Beweis darin schon enthalten ist; so entwickelt er sich von selbst. Auch in seinen anderen Büchern »Wider den Methodenzwang« und »Wissenschaft für freie Menschen« [L6] führt Feyerabend vor, daß Wissenschaftler in Wirklichkeit nicht rational, sondern wie Künstler vorgehen: sie folgen der Mode, unterliegen Vorurteilen, suchen ihren Vorteil. Sind auch Mathematiker, die Sätze beweisen, Künstler?

Tatsächlich gehen wir nie völlig rational vor, wenn wir etwas beweisen. Die Axiome selbst sind nicht beweisbar; wir müssen sie direkt »zeigen«, mit Hilfe von Rhetorik. Deswegen – schließt Ernesto Grassi in seinem Buch »Rethoric as Philosophy« [L7] – steht Rhetorik am Anfang, sie liefert den Rahmen, an dem wir unsere rationalen Argumente festmachen.

Wie steht es mit den Beweisschritten? Sind sie logisch, formal, regelgesteuert? Wir sahen oben, daß formale Beweise nicht in der Praxis vorkommen, weil wir damit nichts beweisen würden. Auch könnten wir keinen nicht-trivialen mathematischen Beweis in einen äquivalenten logischen umformen; er würde einfach zu kompliziert. Selbst wenn wir es könnten, die Umformung wäre nicht formal. Also verwenden wir auch innerhalb von Beweisen informale Argumente, das heißt Rhetorik.

Schließlich können wir keinen Beweis, formal oder informal, auf formale Weise finden. Das Problem kennt man von den automatischen Theorembeweisern. Man versucht, eine Tätigkeit zu programmieren, die nicht formalisiert und meiner Meinung nach nicht formalisierbar ist. Und sollte eines Tages solch ein Programm ein nicht-triviales Theorem produzieren, würden wenige Mathematiker es akzeptieren, weil sie den Beweis nicht nachvollziehen könnten. Bis heute glauben manche Mathematiker nicht an den Beweis der Vierfarben-Vermutung, weil ein guter Teil davon vom Computer ausgeführt wurde. Damit will ich nicht sagen, daß automatische Theorembeweiser nicht nützliche Werkzeuge beim Überprüfen von Annahmen in eingeschränkten Anwendungsbereichen sein könnten.

Wozu taugen formale Beweise dann? Ein formaler Beweis ist ein mathematisches Objekt, kann also mathematisch untersucht werden. Will ich zum Beispiel beweisen, daß irgendetwas nicht beweisbar ist, muß ich einen formalen Beweisbegriff und damit einen logischen Formalismus benutzen. Will ich dagegen beweisen, daß etwas beweisbar ist, muß ich es nur beweisen – so, daß ich die anderen überzeuge. Wie überzeuge ich andere?

Wann ergibt ein Beweis Sinn?

Bevor ich andere überzeugen kann, muß ich mich verständlich machen. »Ich verstehe Dich nicht. Es ergibt keinen Sinn für mich«, ist die schlimmste Antwort, die ich kriegen kann. Nur wenn sie meinen Beweis verstanden haben, können die Zuhörer zustimmen. Oder widersprechen, und ich kann es von neuem versuchen oder zurücknehmen, was ich gesagt habe. Erst kommt das Verstehen, Wahrheit und Falschheit sind später. Wann ergibt eine Aussage Sinn?

Der Mathematiker und Logiker Gottlob Frege unterscheidet in seinen Schriften zwischen Sinn und Bedeutung; siehe zum Beispiel die Arbeit mit diesem Titel [L5]. In der Mathematik ist 'Bedeutung' einfach: Die Bedeutung eines Namens ist die bezeichnete Person oder Sache; die Bedeutung eines Programms ist die Funktion, die wir damit berechnen; die Bedeutung einer Aussage ist ihr Wahrheitsgehalt (!). In Bezug auf 'Sinn' ist Frege weniger klar. Zwei Namen für dieselbe Person haben dieselbe Bedeutung, aber einer kann liebevoll sein, der andere beleidigend; also unterscheiden sie sich im Sinn. Ähnlich kann derselbe Beweis Sinn ergeben oder nicht, abhängig davon wie er aufgeschrieben oder erzählt wird. Aber was ist dieser »selbe Beweis«? Und warum kann ein Beweis, jetzt wirklich ein und derselbe, für eine Person Sinn ergeben und für eine andere nicht? 'Sinn' scheint nicht im Beweis zu stecken, sondern erst bei der Vermittlung des Beweises zu entstehen.

»Das Phänomen Sinn erscheint in der Form eines Überschusses von Verweisungen auf weitere Möglichkeiten des Erlebens und Handelns,« definiert Niklas Luhmann in »Soziale Systeme« [L4, Anfang von Kap. 2]. Mein Gesprächspartner sagt etwas. Wenn es keinen Sinn für mich ergibt, kann ich auf drei gängige Weisen reagieren: Ich bitte um Erklärung; ich gebe vor zu verstehen; oder ich breche die Unterhaltung ab. Wenn ich aber verstehe, gibt es unzählige Weisen fortzufahren. Verstehen bereichert die Situation. Ein Satz in einer Unterhaltung ist sinnvoll, wenn er den Gesprächspartnern ermöglicht, nicht nur zu folgen, sondern fortzufahren.

Die elementaren Bestandteile eines Beweises sind also nicht die logischen Schritte, sondern Informationen, die es den Partnern ermöglichen oder gar nahelegen, den nächsten Schritt zu tun. Diese Bestandteile können wir die sinntragenden Einheiten eines Beweises nennen. Sie sind nicht Teil des Beweises, sondern unseres Versuches, den Beweis zu vermitteln. Ich muß sie jedesmal neu schaffen, wenn ich den Beweis erzähle, für die Zuhörer und für mich selbst.

Nicht genug Möglichkeiten, eine Unterhaltung fortzusetzen, ist ein Extrem. Zu viele ist ein anderes: Meine Aussage ergibt keinen Sinn, weil die Zuhörer nichts damit anfangen können. Zwischen diesen beiden Extremen kann sich die Unterhaltung bewegen. In früheren Arbeiten habe ich diese Art, einen Beweis zu vermitteln, die *Kleine-Systeme-Weise* genannt. Nicht der Beweis ist klein, auch nicht die Gruppe, mit der ich rede, sondern die Art und Weise, wie wir kommunizieren. Was Sinn ergibt und was nicht, hängt ebenso davon ab, was wir wollen und mögen, welche Mittel wir benutzen und welchen Regeln wir folgen, wie davon, was wir wissen. Unmaß oder Mangel in einer dieser *Hinsichten* macht das System zu groß oder zu klein. Wie wir kommunizieren, hängt von uns Teilnehmern ab, ob wir nun viele sind oder nur zwei oder einer.

Ein langer Beweis ist immer schwer zu verstehen und noch schwerer zu finden. Ich muß ihn in Stücke zerlegen, die die Zuhörer verdauen können. Auf diese Weise kann ich in ihnen dieselben Prozesse in Gang bringen, die mich das erste Mal den Beweis verstehen ließen. Nur dann können sie den Beweis ändern. Nur was man ändern kann, ist sinnvoll. Erinnern Sie sich an die These zu Anfang: Nichts macht Spaß, wenn es uns verordnet ist, wenn wir nicht aus freien Stücken handeln können. Ich muß den Beweis so führen, daß den Zuhörern die Augen aufgehen. Wissen, einfach so hingeworfen, kann eine schwere Last sein. Fragen sind eine bessere Morgengabe.

Normalerweise sprechen wir lokal: über eine vorliegende Situation, innerhalb eines vorgegebenen Rahmens. Manchmal sprechen wir global: über die Welt, in universellen Termini. Global sprechen wir insbesondere in den Wissenschaften, in der Religion, in der Kunst und wenn wir betrunken sind; wir wollen etwas sagen, das immer und überall zutrifft. Nur globale Begriffe sind formalisierbar. Vergessen wir das, produzieren wir keinen Formalismus, sondern stiften Verwirrung.

Zum Beispiel ist 'wahr' ein lokaler Begriff, 'wahr in einer Situation' ein globaler. Es gibt keine allgemeine Regel, die besagt: Das ist wahr, das ist falsch. Wir glauben, was Menschen sagen, wenn wir ihnen vertrauen. Wenn nicht, fragen wir nach Beweisen. »Wahr ist, was der Fall ist«, sagt Wittgenstein. Wir schauen aus dem Fenster, um festzustellen, ob es wirklich regnet. Aber dieses logische Prinzip funktioniert nur für den globalen Begriff 'wahr in einer Situation'. Nur den konnte Tarski formalisieren (»Eine Formel ist gültig in einer mathematischen Struktur«); und beweisen, daß 'wahr' nicht formalisierbar ist. Wenn wir die Situation nicht direkt untersuchen können, müssen wir nach Beweisen fragen, und sind wieder bei einem lokalen Problem: Können wir dem trauen, was die Leute sagen? Je weniger wir ihnen trauen, desto mehr zwingen wir sie, globale – nämlich logische – Schritte zu machen. Im Englischen haben 'true – wahr' und 'trust – trauen' dieselbe indo-germanische Wurzel 'deru – dauern'. Dieselbe Wurzel hat 'tree – Baum'. Im Deutschen ist das anders: Wahr ist, was vor Gericht besteht – nicht was währt, sondern was sich bewährt. Der einzige Baum weit und breit ist die Gerichtseiche.

Den globalen Begriff 'wahr in einer Situation' kann man weiter globalisieren zu 'überall – oder immer – wahr'. Der zugehörige formalisierte Begriff 'tautologisch' ist so allgemein, daß eine Tautologie lächerlich wirkt, wenn sie lokal gebraucht wird. »Wenn der Hahn kräht auf dem Mist, ändert sich das Wetter oder bleibt, wie es ist.« Auch 'logische Folgerung' ist ein globaler Begriff. Wir formalisieren ihn als 'Implikation', benutzen dabei wieder 'wahr in einer Situation', global auf beliebige Situationen verweisend. Ein 'logischer Schluß' schließlich ist eine logische Folgerung syntaktisch festgelegter Form, wie der Schritt von A und $A \rightarrow B$ zu B. Für diese globalen Begriffe kann es keine entsprechenden lokalen geben. Wir benutzen sie, um einen Beweis global, situationsunabhängig, zu machen. Versuchen Sie sich mal an der Negation. Ist sie lokal oder global?

Wenn ich meine Sätze globalisiere, erreiche ich schließlich eine Sprache, in der ich festen Regeln unterworfen bin, um die angestrebte universelle Bedeutung aufrechtzuerhalten. Solche Sprachen kommen in vielerlei Gewand: Da sind die rituellen Sprachen von Religion und Sport, die esoterischen von Philosophie und Wissenschaft, die »künstliche« der Kunst, die formale der Mathematik. Sie alle unterliegen demselben Widerspruch: Um global zu sein, müssen sie beschränkt sein. Wenn ich sie benutze, muß ich ihre Regeln beachten und kann nur die Eingeweihten erreichen.

Was ich dagegen in einem kleinen System gelernt habe, kann mir überall von Nutzen sein, wo es mir gelingt, ein neues kleines System aufzubauen. Wie können wir dann aber globale Begriffe in kleinen Systemen verwenden? Wir müssen lernen, daß 'global' und 'lokal' wie die eng verwandten 'groß' und 'klein' nicht globale Eigenschaften von Begriffen, sondern Weisen der Verwendung sind.

Beweisprinzipien

In einem sozialen System müssen wir, wenn wir am Leben bleiben wollen, dauernd die Komplexität reduzieren – des Systems und der Umwelt.[34] Komplex ist alles, was wir nicht verstehen. Wenn wir uns verständlich machen, verringern wir die Komplexität und erhöhen unsere Kommunikationsfähigkeit. Dabei schaffen wir Subsysteme und damit eine reichere Struktur. Für einen Beweis bedeutet das: Teile herausholen, die für sich Sinn ergeben, und die dann sinnvoll kombinieren. Lassen Sie mich diese Bemerkungen konkreter machen, indem ich ein paar Prinzipien zusammenstelle; die meisten sind Allgemeingut, aber werden selten explizit angegeben.[35]

Erstens, bauen Sie den Beweis nicht von unten nach oben auf. – In der Informatik stehen die Bäume auf dem Kopf: unten die Blätter, oben die Wurzel – eine selbstgemachte Welt wie in der Abbildung weiter vorn. Informatiker unterscheiden zwischen Programmieren von unten nach oben und von oben nach unten.[36] Arbeitet man von oben nach unten, beginnt man mit der Bedeutung im Sinne Freges, also mit der Funktion, die man berechnen will. Dieses Fernziel zerlegt man in Teilziele, die irgendwie untereinander und mit dem Ganzen verknüpft sind, arbeitet an denen, und so weiter nach unten, bis man schließlich auf der untersten Ebene die tatsächlichen Programme schreibt, die man dann nur verknüpfen muß. Arbeitet man von unten nach oben, geht man genau umgekehrt vor: Man fängt an, indem man Programmstücke schreibt, die man mit mehr Programmstücken zusammenklebt, bis das ganze Programm fertig ist. – Ein Beweis von unten nach oben beginnt also mit lauter kleinen Definitionen und Hilfssätzen, die durch Folgerungen und weitere Hilfssätze zusammengehalten werden, bis man am Ende das Theorem formuliert und beweist, indem man die Hilfssätze 7, 17 und 27 kombiniert. QUOD ERAT DEMONSTRANDUM – was zu beweisen war. Natürlich ist damit gar nichts bewiesen. Liest man so einen Beweis von vorn nach hinten, ist man die ganze Zeit mit Aussagen beschäftigt, die man nicht versteht, weil man nicht weiß, wohin sie führen. Wenn man durch ist, muß man den Beweis noch einmal und wahrscheinlich ein drittes Mal durchgehen.

---

[34] Das ist wieder Niklas Luhmann, »Soziale Systeme« [L4].

[35] Donald Knuth hat sich ausführlich mit dem Thema befaßt; siehe z. B. sein »Mathematical Writing« [L7].

[36] 'Bottom-up' und 'top-down'.

Oder man liest den Beweis rückwärts, was Schwierigkeiten macht. Warum dann den Beweis nicht gleich von oben nach unten schreiben?

Zweitens, entwickeln Sie den Beweis auch nicht streng von oben nach unten. Liest man nämlich einen solchen Beweis, so schleppt man dauernd Begriffe mit, die noch keine Bedeutung haben; man muß Aussagen akzeptieren, die noch nicht bewiesen sind; man muß Methoden verstehen, mit denen man noch nicht gearbeitet hat.

Wie soll man denn Beweise wiedergeben, wenn nicht von oben nach unten und nicht von unten nach oben? Eine gängige Methode ist von oben nach unten, aber in die Tiefe statt in die Breite:[37] Wählen Sie einen Begriff oder eine Teilaussage des Theorems, erläutern den Teil und gehen mit dieser Methode lokal nach unten. Sie können allerdings nicht zu tief gehen, weil Sie dann die Verbindung verlieren – vertikal und, was schlimmer ist, horizontal zu den anderen Förderschächten. Der Architekt Yona Friedman führt in seinem hübschen Büchlein »Machbare Utopien« [L3] die Idee ein, daß Kommunikationsketten eine maximale Länge und Verzweigungsbreite haben, und berechnet daraus die maximale Größe von Kommunikationsgruppen. Ein anderer Architekt, Christopher Alexander, benutzt dieselben Prinzipien, wenn auch in ganz anderem Geist, in seinem Buch »Notes on the Synthesis of Form« [L4], in dem er das Problem des Entwurfs großer Projekte untersucht.

Eine andere Methode ist, vom Besonderen zum Allgemeinen voranzuschreiten. Behandeln Sie erst einen speziellen Fall, nicht nur oberflächlich zur Motivation, sondern ganz und gar. Dann verallgemeinern Sie schrittweise. Die Vollständigkeitsbeweise zur Grundlage fürs logische Programmieren in meinem Buch »Formalisieren und Beweisen« [L5] sind ein Beispiel dieser Vorgehensweise. Wenn allerdings die Spezialfälle nicht allgemein genug sind, sind sie vielleicht nicht typisch, und die Ketten des Verallgemeinerns werden lang und mühselig zu klettern.

Der beste Weg ist wirklich, die beiden Prinzipien – von oben nach unten und von unten nach oben – zu kombinieren, im Sinn der Bemerkungen zu Beginn dieses Abschnitts. Wählen Sie Teile aus, die für sich Sinn ergeben; erklären Sie die Begriffe, führen Sie die Methoden an übersichtlichen Fällen vor; arbeiten Sie die Details aus; fügen Sie die Teile zusammen, auf entsprechende Weise. All das geschieht ganz von selbst, wenn (und nur wenn!) Sie versuchen, mit anderen sich über den Beweis zu verständigen; denn dann müssen Sie Ihre Sicht auf die Dinge modifizieren. In der Softwaretechnik nennt man solches Vorgehen 'prototyping

[37] Depth-first top-down.

– Gestalten mit Musterbeispielen'. In meiner Arbeit 'Theoriebildung als das Gestalten mit Prototypen' untersuche ich dieses Vorgehen in Kunst und Mathematik und schlage vor, Theoriebildung so zu verstehen.

Drittens, vermeiden Sie technische Hilfssätze. Wenn Sie das, was Sie machen wollen, nicht benennen und formulieren können, haben Sie es wohl auch nicht verstanden. Wenn Sie das Prinzip, auf dem das Lemma beruht, nicht herausschälen können, wie soll es irgend jemand anderem einleuchten?

Viertens, schicken Sie nicht einen Abschnitt mit Begriffen und Notation vornweg. Kein Mensch liest so etwas zuerst. Führen Sie die Sachen ein, wo Sie sie brauchen; wenn Sie wollen, stellen Sie sie in einem Anhang zusammen. Es ist wohl Feyerabend, der sich irgendwo über diese Abschnitte »Was jeder Leser wissen sollte« ausläßt: Müllhalden für Material, über das die Autoren nicht genauer nachdenken wollen.

Fünftens, zeigen Sie Mut, seien Sie negativ! Üblicherweise schreibt man in der Wissenschaft über »das, was ist«, und nicht über das, was nicht ist. Alle guten Schriftsteller geben ihren Helden ein paar schlechte Eigenschaften und lassen an dem Bösewicht etwas Gutes. Sie wissen, daß es wichtig ist, Personen Licht und Schatten zu geben; nur so kriegt das Bild Tiefe. Warum sollen wissenschaftliche Arbeiten immer so flach sein? Breiten Sie beim Beweisen nicht nur Wahrheiten aus, sondern holen auch das Falsche hervor. Warum sind Sie diesen Weg und nicht jenen gegangen? Warum definieren Sie den zentralen Begriff so und nicht anders? Wo sind Sie in die Irre gegangen? Arbeiten Sie die *Un*sätze genauso sorgfältig heraus wie die Sätze. Dadurch ersparen Sie den Lesern falsche Schritte – vielleicht auch sich selbst, wenn Sie die Arbeit später einmal hervorholen. Zeigen Sie den Lesern die Wege, die Sie selbst nicht gegangen sind; vielleicht führen Sie sie zum Erfolg. Lesen Sie, was Rudolf Arnheim in seinem Buch »Visual Thinking« [L4] über Figur und Hintergrund zu sagen weiß.

Schließlich, achten Sie auf Ihre Ausdrucksweise. »Der Beweis zeigt...« Unsinn! Haben Sie je einen Beweis seine Hand heben und auf etwas zeigen gesehen? Schreiben Sie stattdessen »Mit dem Beweis zeige ich...« (oder »zeigt sie...« oder »zeigt er...«); lassen Sie keinen Zweifel daran, wer die Arbeit geleistet hat. Wenn »das Programm die Funktion berechnet« oder »der Computer das Problem löst«, wem gebührt der Ruhm? Und wem die Verantwortung? Noch nebulöser ist die passivische Form: »Durch den Beweis wird gezeigt... .« Jetzt ist das Subjekt endgültig verschwunden, und die Tätigkeit mit ihm. Durch ein Verb beschreiben Sie, was geschieht, durch ein Substantiv, wer oder was es geschehen läßt. Aber wie können Sie das, wenn Sie nicht den Handelnden als das Subjekt des Satzes wählen und durch das Verb die Handlung darstellen? Wir Wissenschaftler sind schuld, mehr als alle anderen, wenn jedermanns Sätze unter der Last zu vieler zu schwerer Substantive daherkeuchen und an verbaler Auszehrung sterben. Wir stehen auf Zuständen und würden doch mit Tätigkeiten besser fahren; so stagniert unsere Welt. Gegen diese Tendenz stemmt sich der Physiker David Bohm; in seinem Buch »Wholeness and the implicate order« [L6] schlägt er den »Fließ-Modus« (rheomode) als Sprechweise vor: alle Wörter in Verben zurückverwandeln und so das Relevante wieder hochholen (relevare).

Beweise und Programme

Können wir auf Programme anwenden, was wir über Beweise gelernt haben? Gibt es da Analogien?

Mit einem Beweis beweisen wir ein Theorem, mit einem Programm berechnen wir eine Funktion. Falsch, sagt der Softwaretechniker; ein Programm hilft uns, eine Aufgabe per Computer zu lösen. Aber, sagt der Mathematiker, ein Computer ist eine deterministische Maschine, die zu jeder Eingabe eine eindeutig bestimmte Ausgabe liefert; in diesem Sinn realisiert eine Berechnung eine Funktion, und das Programm definiert die Funktion. Die erste Analogie zwischen Beweisen und Programmen beruht also auf einer mathematischen Abstraktion.

Wir sahen vorhin, daß auch Mathematiker einen Beweis nie formal führen, da sie damit andere Menschen überzeugen wollen. Im Gegensatz dazu muß ein Programm auf einer Maschine ausgeführt werden, ist also vollständig formal. Dieser Gegensatz ist die Quelle eines tiefliegenden Unterschieds zwischen Mathematik und Informatik. In der Mathematik gibt es »die« mathematische Sprache, die jeder Mathematiker auf seine Weise erwirbt und benutzt. Daneben gibt es logische Formalismen als extreme Formalisierungen dieser Sprache. Die Verbindung zwischen diesen beiden Ebenen ist völlig unklar; das haben wir ausführlich diskutiert. Es ist auch unnötig, sie zu klären, da logische Formalismen nicht praktisch genutzt werden. Im Umgang mit Computern dagegen verwendet man viele Formalisierungsstufen, von der abstraktesten Programmiersprache bis hinunter zum Maschinen-Code. Diese Programmierungsformalismen entsprechen genau den logischen: Durch die elementaren Einheiten sind hier Berechnungsschritte festgelegt genauso wie dort logische Schritte; die verschiedenen Stufen sind hier formal durch Compiler verknüpft. Dieser Bereich ist hier nicht von Interesse, es sei denn, wir wollen Programmierformalismen oder Compiler entwerfen oder diskutieren. Für unser Problem ist die Bezeichnung zwischen konkreter Aufgabenstellung und abstrakter Programmiersprache relevant. Weil Programme auch in der abstraktesten Programmiersprache formal sind und bis ins kleinste Detail korrekt sein müssen, ist die Informatik voll von Methoden, Ideen und Theorien, wie man von der informalen Beschreibung dahin kommen könne: Diagramme, Dokumentation, mathematische Hilfsmittel.

In den 70er Jahren war das Zauberwort »strukturierte Programmierung«. Ein wohlstrukturiertes Programm enthält normalerweise weniger Fehler und wird nicht so leicht vom Benutzer falsch interpretiert. Aber diese Struktur ist Teil des Programms, also formal. Bei diesem Zugang wird daher vor allem dem Produkt – dem strukturierten Programm – Beachtung geschenkt, und nicht dem Prozeß des Programmierens und Darüber-Redens. Donald Knuth verkündet in seiner Arbeit »Literate Programming« [L5] eine Ära des »gebildeten Programmierens«; in den nächsten zehn Jahren werde ungebildet zu programmieren genauso eine Todsünde sein wie unstrukturiert zu programmieren in den vergangenen zehn. Er entwickelt das WEB-System, durch das beim Programmieren informales Beschreiben genauso gut unterstützt wird wie das Programmieren selbst. »Statt uns als unsere Hauptaufgabe zu denken, einem Computer vorzuschreiben, was er tun soll, sollten wir uns darauf konzentrieren, anderen Menschen zu erklären, was wir wollen, daß er tut.«

Wie schreibt man verständliche Programme – das ist ein großes Problem in der Informatik geworden. Wie schreibt man Programme verständig – das scheint mir die eigentliche Frage. Wenn man wirklich über die Programmieraufgabe und das resultierende Programm kommunizieren will, kann man nicht von oben nach unten (top-down) von der Aufgabe zum Programm gehen. Deswegen ersetzt man dieses »Wasserfallmodell« durch das »Kreismodell«; siehe zum Beispiel die Arbeiten von Christiane Floyd und Reinhard Keil-Slawik [L5]. Dabei durchläuft man beim Programmieren abwechselnd Phasen des Schreibens und des Ausprobierens; in dieser kreisenden Bewegung verbessert man die Qualität des Programms, indem man darüber redet. Gestalten mit Prototypen (»Prototyping«) ist dabei sehr hilfreich. Das ist die oben beschriebene Technik, einen unabhängigen Teilbereich auszugrenzen – horizontal oder vertikal – und ihn gesondert zu bearbeiten. Macht man es richtig, lernt man dabei eine Menge über das ganze Projekt, besonders durch das Reden mit anderen, zum Beispiel mit den zukünftigen Benutzern. Wie sagte doch der Softwaretechniker zu Beginn dieses Abschnitts: Ein Programm ist nicht als solches wichtig; es ist ein Mittel, ein Problem zu lösen. Die wesentliche Aufgabe ist nicht, konkrete Programme zu schreiben, sondern andere und sich selbst zu überzeugen, daß das Programm so funktioniert, wie man es wollte. Programmieren ist Diskurs – mit Texten, die wir Software nennen, als Resultat; so drückt es der Linguist Dafydd Gibbon in seinem

Beitrag »Language and Software, or Fritzl's Quest« [L5] zu dieser Konferenz aus. Also ist Programmieren eine literarische Tätigkeit; das meint auch Donald Knuth, wenn er mit dem Wort 'literate' spielt. Programmieren kann man so nur in kleinen Systemen, wie ich das oben fürs Beweisen beschrieben habe. Programmieren in kleinen Systemen führt auch zu umfangsmäßig kleineren Programmen, weil die großen keiner versteht.

Es gibt Informatiker, die ein Programm ohne Korrektheitsbeweis für wertlos halten. Da Programme formal sind, gebrauchen sie formale Programmiermethoden und machen so aus dem Programmieren eine mathematische Tätigkeit. Das mag nützlich sein, um abstrakte Programmiersprachen zu erklären. Aber das Problem der Kommunikation wird dadurch nicht gemildert. Ob Programme verständlich sind, hängt weniger von den Spezifika des Programmierformalismus ab als davon, wie wir ihn benutzen. »Solange wir die didaktischen, kreativen und lebendigen Dimensionen des Programmierens nicht anerkennen, sind wir verdammt, an Software-Prozessen teilzunehmen, die unbeholfen, unerfreulich und ineffektiv sind«, formuliert Joseph Goguen in einem Positionspapier zu dieser Konferenz.[38] Richard DeMillo, Richard Lipton und Alan Perlis haben schon 1979 in ihrer Arbeit »Social Processes and Proofs of Theorems and Programms« [L5]] gemeint, formale Beweise seien keine große Hilfe, um andere von der Korrektheit unserer Programme (und Theoreme) zu überzeugen. Stattdessen müssen wir überzeugend argumentieren, das Wesentliche herausarbeiten, Vertrauen gewinnen. Programmieren ist eine soziale Betätigung. Es ist eine zutiefst menschliche Betätigung, schreibt Peter Naur in seiner Arbeit »Programming as Theory Building« [L5]. Was Programmierer über ihre Arbeit wissen, kann man dem Programm oder der Dokumentation nicht ablesen. Zu viel davon steckt in ihren Köpfen und Fingerspitzen, in der Art und Weise, wie sie Programme benutzen und neue schreiben, in der Theorie, die mit ihnen lebt und stirbt.

Also ist das die Analogie zwischen Beweisen und Programmieren: Mathematiker und Informatiker arbeiten beide auf ein formales Produkt hin, und beide sind in Gefahr, die Beziehung zur Umgebung zu verlieren, wenn sie ihre Arbeit rein formal tun. In beiden Gebieten ist Gestalten mit Prototypen hilfreich: Man erreicht ein formales Ziel, indem man einen Spezialfall, einen wichtigen Aspekt, ein typisches Beispiel betrachtet, und so informal lernt. Mathematiker haben das schon immer so gemacht, ohne viel Worte darüber zu verlieren. Heutzutage

---

38 Siehe seine Beiträge »Hermeneutics and Path«, »The Denial of Error« und »Truth and Meaning beyond Formalism« [L5] in dem Tagungsband.

können sie von den Informatikern lernen: sich des Problems bewußt werden, etwas dafür tun.

Wenn ich einen Teil eines Beweises wirklich verstanden habe, kann ich ihn als Teil herauslösen und unabhängig vom Rest darüber reden. Und genauso umgekehrt: Wenn ich sinnvolle Teile eines Beweises herausschäle und benenne, verstehe ich die Teile und den ganzen Beweis besser. Das ist eine geläufige Erfahrung in der Mathematik: Ein frisch gefundener Beweis ist meist noch nicht richtig verstanden und enthält fast immer Fehler. Erst wenn ich ihn mit anderen diskutiere, verstehe ich ihn besser. Und ein wirklich tiefesVerständnis erreiche ich nur, wenn ich ihn mündlich und schriftlich anderen beizubringen versuche.

Kürzlich hielt Niklaus Wirth in unserem Kolloquium einen Vortrag über sein neues Konzept OBERON für einen Arbeitsplatz-Computer; siehe Wirth [L5. In diesem System ist keine Parallelverarbeitung möglich; es läuft immer nur ein Prozeß. Als er deswegen von den Multi-Prozessor-Fans angegriffen wurde, sagte er: »Ich könnte mich nicht mit zwei Prozessen gleichzeitig beschäftigen. Warum also zwei zulassen?« Seine Widersacher argumentierten: »Hintergrundprozesse braucht man einfach. Sie können doch nicht dasitzen und warten, bis die Maschine ein Programm compiliert hat.« Wirth gab zurück: »Natürlich ist mein Computer vernetzt. Wenn ich eine Aktivität verstanden habe, kann ich sie auch so definieren und woanders ausführen lassen.« Und er fügte hinzu: »Alles andere ist typischer Informatiker-Größenwahnsinn. Die denken immer: Woran ich meine Finger legen kann, das gehört zu meinem System. Das ist doch Unsinn. Zu meinem System gehört nur, was ich verstehe. Nur das kann ich verändern.« – Genau so ist das mit Beweisen.

Warum überhaupt formalisieren?

Jetzt kann ich versuchen, ein Mißverständnis auszuräumen, das möglicherweise im Hintergrund gelauert hat: daß ich Formalisieren hasse oder verachte und es am liebsten verbannen würde. Das stimmt nicht. Denken Sie an das Batesonsche Paar von Form und Prozeß. Wir erleben Prozesse, aber können sie nicht wiedergeben – nicht einmal uns selbst. Wir müssen sie erst formulieren (sic!). Das muß nicht in Worten sein. Wir Menschen haben einen breiten Fächer von Verständigungsmöglichkeiten, von den geheimen Seufzern unserer Körper und dem stillen Huschen unserer Gedanken und Träume über die Verlautbarungen der Kunst und das tägliche Geschwätz bis hin zu strengen wissenschaftlichen Aussagen. Formale Mathematik liegt an einem Ende dieser Skala. Bei jedem Verständigungsversuch – verbal oder nicht, bewußt oder unbewußt, formal oder locker – bündeln wir Erfahrungen und geben ihnen erst dadurch eine feste Form; nur geformt können wir sie weitergeben.[39]

Formalisieren ist also nur ein extremer Fall von Formulieren. Es stellt ein scharfes Werkzeug dar, ohne das die Mathematik sich nicht entwickelt hätte. Formalisieren ist das Vehikel, auf dem die Wissenschaft rollt, insbesondere die Informatik. Wir berauben ein Wort seiner Bedeutung, die es in unserer Erfahrung gewonnen hat, und stellen stattdessen Regeln zu seiner Verwendung auf. So formuliert es Ernesto Grassi in »Rhetoric as Philosophy« [L4] und folgt dabei dem italienischen Humanisten Vico. Wir geben dem Wort eine neue präzise Bedeutung und trennen so die Form vom Prozeß. Auf diese Weise können wir sicher sein, daß andere das Wort so gebrauchen, wie wir es wollen, und können viel kompakter kommunizieren. Ein Werkzeug so geschickt zu benutzen, macht einfach Spaß. Ich pflege meinen Studenten zu sagen: Wenn Ihr die Mathematik nicht mögt, dann nur, weil Ihr Angst vor ihr habt. Natürlich hat man vor einem scharfen Werkzeug Angst, wenn man es benutzen soll, ohne richtig zu wissen wie.

Das ist allerdings nur eine Seite der Medaille. Ich kann die Bedeutung eines Wortes ändern, aber ich muß aufpassen, daß ich dabei nicht den Sinn mit über Bord werfe. Menschliche Kommunikation lebt und webt im Sinn. Luhmann geht so weit zu sagen, für ein sinntragendes System sei nichts ohne Sinn. Wenn meine Worte für meine Zuhörer keinen Sinn ergeben, werden sie sich langweilen. Langeweile kann für eine Weile auch sinnvoll sein, aber über kurz oder lang werden sie anfangen, Spielchen zu treiben oder Angst zu kriegen. Dann wäre es besser, ich verbrächte auch meine Zeit mit Spielen.

Die Sprache gibt uns da einen Hinweis: Was ich sage, *hat* Bedeutung – oder auch nicht; aber es *ergibt*, oder ergibt keinen Sinn. Bedeutung ist eine Eigenschaft. Ich kann sie ändern, wegnehmen, Programmen zuschreiben; ich kann sie Ihnen überreichen wie eine Kokosnuß. Den Sinn kriege ich nicht so in den Griff. Sinn ereignet sich. In einer Unterhaltung ereignet er sich zwischen den Gesprächspartnern und macht erst das Gespräch aus. Kommunikation – dabei folge ich wieder Luhmann [L4] – ist so selbstbezüglich: Mit Reden und Zuhören schaffen die Partner ein sinnvolles Gespräch, aber Reden und Zuhören ist gar nicht möglich in einer Situation, die nicht schon sinnvoll ist. Jede Verständigung bezieht sich also auf sich selbst, gibt und bezieht Sinn aus sich selbst.

---

39 Deswegen, bemerkt Niklas Luhmann in »Soziale Systeme« [L4], vermeiden wir es, über bestimmte Erfahrungen zu reden, weil wir ihnen diesen Status nicht geben wollen.

Dieses selbstbezügliche Gleichgewicht ist besonders in einer formalen Umgebung gefährdet, zum Beispiel, wenn man einen mathematischen Satz beweist. Wenn mir jemand eine Geschichte erzählt, kann ich mein Zuhören auf bekannten Erfahrungen aufbauen. So schaffe ich beim Zuhören neue Erfahrungen. Wenn ich einem Beweis zuhöre, baue ich auf einer künstlichen Welt hergestellter Bedeutung auf. Das erfordert harte Arbeit, kostet also Zeit. Ein Formalismus ist codierte Wirklichkeit; die Verbindung besteht in einer langen Kette formaler Schritte. Was wir an Platz sparen – Kompaktheit im Ausdruck durch Präzision –, das verbrauchen wir an Zeit fürs Codieren und Decodieren.

Wieder ist das eine geläufige Erfahrung: Man kann Mathematik nicht durch Zuhören lernen. Während man zuhört, muß man den Schritten folgen, die einem der Lehrer *vor*schreibt, und so seine Erfahrungen *nach*vollziehen. Nur so kann man auch den Spaß nacherleben, den er dabei gehabt hat. Natürlich ist es nicht derselbe Spaß. Wenn er seine Zuhörer dazu bringt, an einem Problem zu arbeiten, das er schon gelöst hat, wissen sie, daß er die Lösung kennt. Also kommt es, wie in einer guten Geschichte, nicht so sehr auf die Lösung an als auf den Weg dahin. Der Weg muß, zuerst in seinen einzelnen Windungen und dann als ganzer, verständlich sein. Dann haben weder Sprecher noch Zuhörer den Spaß für sich allein; der Spaß liegt auf dem gemeinsam gegangenen Weg. »Du sollst nie 'QED – Quod erat demonstrandum' unter einen Beweis schreiben«, schreibt Imre Lakatos in seinem Buch »Beweise und Widerlegungen« [L6]. Der Beweis kommt zuerst; er führt uns erst auf das Theorem. Mit QDE kann ich nur signalisieren: »So habe ich mich des Theorems vergewissert. Was machen Sie daraus?« Aber immer sollte man einen Beweis mit DEQ beginnen: demonstrandum estne? [40]

Wie kommt es, daß Mathematikbücher immer so viele Wahrheiten enthalten und so wenig Sinn? Und noch weniger Witze. Wie kommt es, daß viele Studenten keinen zusammenhängenden Text schreiben können?

Eine Unterhaltung verläuft nicht nach einem vorgegebenen Plan und scheint daher keine Struktur zu haben. Sie ist durch die Themen strukturiert, die die Teilnehmer wählen. Welche Themen verfolgen wir, wenn wir einen mathematischen Satz beweisen? In einer richtigen Unterhaltung reden und hören die Teilnehmer abwechselnd. Genauso ist es beim Systementwurf: die Entwickler müssen auf die Benutzer hören, die erzählen, was sie wollen; die Benutzer müssen zuhören, wenn die Entwickler einen Prototyp erklären; die Entwickler müssen wieder darauf achten, wie die Benutzer damit »herumspielen«; und so weiter. In

---

[40] Sie möchten wissen, was hier das Q bedeutet? Wenn Sie kein Latein können, Englisch tut es auch.

der Arbeit »The Limits of Togetherness« [L4] nennt Gordon Pask seine Theorie lernender Systeme eine 'Konversationstheorie'. Der Wert eines Programms liegt nicht in seinem geringen Aufwand und nicht in seiner hohen Eleganz, sondern in dem Verständnis, das wir daraus ziehen. Der Wert eines Theorems liegt nicht in seiner Wahrheit, sondern in seinem Beweis. Und ein Beweis ist so viel wert, wie er uns zuhören macht.

Wenn ich einen Beweis führe, geht es also nicht darum, ihn den Zuhörern zu vermitteln, sondern ihnen dadurch zu helfen, ein Problem zu lösen. Wir verständigen uns, um die Komplexität einer Situation zu reduzieren; nur was wir nicht verstehen, sieht kompliziert aus. Bevor Sie mir irgend etwas beibringen können, müssen Sie mich überzeugen, daß ich überhaupt ein Problem habe. Es ist einfach langweilig, Sie reden zu hören, wenn Sie mir Information eintrichtern wollen, für die ich kein Bedürfnis habe. »Sie sind mir immer willkommen, wenn Sie übers Wetter reden wollen,« sagt Annie Dillard in »Pilgrim at Tinker Creek« [L1]. Sie sind mir willkommen, wenn Sie über Bäume oder Komplexitätssplitter, über kleine Systeme oder einfache Vollständigkeitsbeweise, über formale Kommunikation oder einfach über menschliche Beziehungen reden wollen. Bei anderen Themen bitte vorher klopfen.

Zufall und Veränderungen

Das Beste, was Sie tun können, um Beweisen zu üben, ist, einen Beweis zu finden. Das Nächstbeste ist, einen vorliegenden abzuändern. Ich kann nur verändern, was ich verstanden habe. Erzählen Sie mir einen Beweis. Dafür müssen Sie ihn strukturieren: Themen auswählen, über die Sie sinnvoll reden können, den Beweis entsprechend zerlegen. Auf diese Weise machen Sie aus dem einen großen Beweis kleinere verständliche Einheiten. Das hilft auch Ihnen, den Beweis besser zu verstehen. Jetzt kann ich die Stücke ausarbeiten, die Teile zusammensetzen, und erhalte einen neuen Beweis. So lernen wir beide. Sinn ist Überschuß an Möglichkeiten. Nur was ich ändern kann, ergibt Sinn, macht Spaß.

Jetzt sind wir am Kern des scheinbaren inneren Widerspruchs formalen Arbeitens. Ich sagte zu Anfang, daß wir formalisieren, um die Freiheit anderer einzuschränken – explizit durch Anordnen, implizit durch Ordnen. Indem wir Sinn durch Bedeutung ersetzen und Bedeutung durch Regeln, eliminieren wir Änderungsmöglichkeiten. Das ist es: Wir kämpfen gegen Veränderungen, wenn wir einen Beweis aufbauen; wenn wir über ihn reden, arbeiten wir auf Veränderungen hin.

Wissenschaftler brauchen Zeit, um Prozesse in Formen zu bringen. Prozesse laufen »die ganze Zeit«, Formen bleiben fest. Das heißt, sie verändern sich so langsam, daß wir sie als »Gegenstand« wahrnehmen. Ein Gegenstand hat Eigenschaften, die man beobachten und beschreiben kann. Daher unterscheiden wir zwischen beobachtbarem Objekt, das außerhalb der Zeit ist, und beobachtendem Subjekt, das zeitabhängig und daher nicht Teil der beobachtbaren Welt ist. Mit Algorithmen beschreiben die Informatiker keine Prozesse, sondern Folgen von Zuständen, die sich in diskreten Schritten ändern. Künstler schaffen Zeit, durch Wiederholung. Mit Reimen und Versen und Refrains, mit wiederkehrenden Farben und Symbolen, durch Assoziationen und Schwebungen zwischen den Stilen lassen sie uns Zeit erfahren. Auch sie beschreiben keine Prozesse, aber aktivieren Prozesse in uns.

Algorithmen kann man beliebig oft kopieren und laufen lassen; die Kopien und die ablaufenden Zustandsfolgen sind immer dieselben. Jedesmal, wenn Sie einen Kunstgegenstand betrachten, erleben Sie etwas Neues; und wenn Sie ihn kopieren, kommt etwas völlig anderes heraus. Deswegen ist in der Wissenschaft das Symbol für Zeit der Pfeil; er führt von einem Zustand zum anderen. Wissenschaftler können beschreiben, was vor und nach der Veränderung zu sehen war, nicht wie sie geschah. In der Kunst ist das Symbol für Zeit der Kreis.[41] Künstler beschreiben keine Zustände, sondern versuchen die Bewegung selbst erfahrbar zu machen. Sie erschaffen Muster.

Ein Muster besteht aus Wiederholungen. Sich verständigen bedeutet für Gregory Bateson Muster schaffen. Ich spreche, Sie hören zu. Was ich über meine Erfahrung sage, löst eine ähnliche Erfahrung in Ihnen aus. Dieses Muster, diese Wiederholung der Erfahrung, stellt eine Verbindung zwischen uns her. Den Unterschied zwischen den beiden Teilen des Musters nennen wir 'Information', den ganzen Vorgang 'Kommunikation', den Unterschied zwischen vor und nach dem Vorgang wieder 'Information'. Beim Verständigen arbeiten wir mit einem räumlichen und einem zeitlichen Unterschied. Das klingt abstrakt; wollen Sie mehr konkrete Information, lesen Sie zum Beispiel die Arbeit über »Stil, Grazie und Information in der Primitiven Kunst« in Batesons Sammelband »Ökologie des Geistes« [L2].

So löst sich der scheinbare innere Widerspruch im formalen Arbeiten auf. Wir müssen kommunizierend arbeiten, so einfach ist das. Zumindest sollten wir uns einen Gesprächspartner denken, wenn kein realer da ist. Auf diese Weise wird

---

[41] Lesen Sie dazu das merkwürdige Buch »The Sacred Hoop« von Bill Broder [L2] und das winzige Kapitel »Den Knoten auflösen« in Annie Dillards »Pilgrim at Tinker Creek« [L1].

die »Ich-Ich-Ich-Perspektive« zur »Ich-Du-Perspektive«. Wir machen die Wissenschaft nicht menschlicher dadurch, daß wir unsere Beschreibungen so erweitern, daß Beobachter oder Entwickler eingeschlossen sind. Wir können Beobachter, Entwickler und Benutzer eines Systems nicht beschreiben, weil das hieße, sie aus der Zeit herauszuholen. Stellen sie sich das vor: Menschen außerhalb der Zeit! Kein Wunder, wenn dann schließlich die Benutzer zu lauter kleinen formalen Moduln neben anderen kleinen formalen Moduln werden. Wir können nur eins tun: Die Benutzer zwar nicht in unsere Beschreibung, aber in unsere Erwägungen einbeziehen. Wir sollten nicht auf eine perfekte Beschreibung eines technischen Systems hinarbeiten, sondern versuchen, anderen Menschen unsere Vision sichtbar zu machen und ihre Visionen zu sehen. Das wäre eine wahrhaft humanistische Sichtweise. Markku Nurminen, der diesen Begriff in die Softwaretechnik eingeführt hat, vergleicht in seinem Buch »People or Computers« [L5] die humanistische mit der systemtheoretischen und der soziotechnischen Sichtweise: »Statt Modelle menschlicher Tätigkeiten in die Systeme einzubauen, sollten wir die Menschen selber tätig sein lassen... Mit anderen Worten: natürliche statt künstlicher Intelligenz benutzen.« (S. 116)

Natürlich ist das ein gewagtes Unternehmen. Menschen agieren und reagieren zufallsbestimmt. Genau aus dem Grund benutzt man in der Wissenschaft Formalisierungen: um den Zufall auszuschließen. Warum eigentlich? Könnten wir Zufall in der Wissenschaft zulassen? Wir blicken zurück in die Vergangenheit und vergleichen aus dem Gedächtnis gegenwärtige mit früheren Ereignissen, um zu verstehen, was vor sich geht. Wir schauen voraus in die Zukunft und sagen aufgrund unseres Wissens Ereignisse voraus, indem wir gegenwärtige Ereignisse analysieren. Vom Voraussagen von Ereignissen ist es nur ein kleiner Schritt zum Versuch, sie wirklich eintreten zu lassen, indem wir die rechten Umstände einführen. Die Hoffnung, Ereignisse voraussagen oder gar hervorrufen zu können, ist der stärkste Antrieb für uns Wissenschaftler im Ringen, die Welt zu verstehen. In Situationen, die durch unsere Theorien nicht voll erfaßt sind, geschehen Dinge, die wir nicht vorausgeahnt oder gegen die wir uns nicht gewappnet hatten. Sie geschehen »zufällig«. Zufall kommt als negative Kraft ins Spiel; er bedroht unsere Arbeit, wir müssen ihn bekämpfen.

Aber man kann den Zufall nur aus den »idealisierten« nicht-lebenden Systemen der Naturwissenschaften eliminieren. Ein lebendes System kann man nicht von seiner Umgebung trennen. Es operiert in ständigem Bezug auf sich selbst. Deswegen antwortet es mit autonomen Entscheidungen auf Informationen von außen, ganz im Gegensatz zu den automatischen Reaktionen auf der physikalischen Ebene. Es ändert sich nicht nur stetig, sondern »zufällig«, von außen betrachtet. Humberto Maturana und Francisco Varela nennen solche Systeme 'autopoietisch'; siehe ihre Bücher »Autopoeisis and Cognition« und »Der Baum der Erkenntnis« [L2].

Menschen scheinen die einzigen Lebewesen zu sein, die einander die Welt so beschreiben können, daß sie aus Beschreibungen wie aus eigenen Erfahrungen lernen können. Wie wir oben sahen, ist das irreführend formuliert. Man kann nicht aus Beschreibungen lernen, nur aus Erfahrungen. Beim Lernen muß man die Beschreibungen benutzen, um Ereignisse in Gang zu bringen, aus denen man neue Erfahrungen gewinnen kann. Diese Ereignisse können vorgestellt sein, oder sie können tatsächlich eintreten, wie beim Lösen von Übungsaufgaben. Deswegen ist das Beste, was Lehrer tun können, die Umstände herbeizuführen, die solche Ereignisse auslösen. Da Schüler lebendig sind, treten die Ereignisse zufällig ein – oder auch nicht. Die Lehrer können nur hoffen. Für Lehrer ist Zufall positiv. Menschen sind kreativ, wenn sie sich Zufallseinflüssen öffnen. In seinem Aufsatz »Making errors, Making sense, Making use« [L5] stellt John M. Carroll dar, wie Menschen bei der Systemgestaltung besser vorankommen, wenn sie Fehler machen, nach Sinn fragen, Entwürfe benutzen, als wenn sie systematisch voranschreiten.

Neulich führte ich unseren Hund aus. Oder genauer – habe ich nicht gemahnt, darauf zu achten, wer der wahre Akteur in einem Satz ist? –, unser Hund führte mich aus. Wir trafen eine Dame aus der Nachbarschaft mit ihrem Hund, und Bobby, um Götz zu begrüßen, rannte über die Straße, ohne auf den Verkehr zu achten. Da erklärte mir die Nachbarin: »Hunde können fahrende Autos nicht wahrnehmen, wenigstens nicht mit den Augen. Sie sind gewöhnt, daß Lebewesen sich rhythmisch bewegen. Deswegen bewegt sich ein Auto für einen Hund überhaupt nicht; erst war es dort, und auf einmal ist es hier.« Ich nahm Bobby an die Leine.

Wir haben uns längst an die Bewegungsweise von Autos gewöhnt; aber die körperliche Anstrengung fehlt uns. Mit den Formalismen ist es ähnlich: Wir bewegen uns in geordneten geradlinigen Bahnen; aber unserem Geist fehlt das rhythmische Kreisen kreativer Bemühung. Allzu leicht entwöhnen wir uns der Bewegung überhaupt; wir merken gar nicht, wie schnell wir vorankommen, bis wir jemanden treffen, oder getroffen werden.

Rudolf Arnheim in seinem Klassiker »Visual Thinking« und Oliver Sacks in seinen eindrucksvollen Fallstudien »The Man who Mistook his Wife for a Hat« [beide in L4] beschreiben und analysieren, wie Denken auf körperlichen Empfindungen beruht. In einer formalisierten Umgebung müssen wir alles jederzeit aus der Beschreibung reproduzieren. In einem lebenden System bewegen wir uns stetig. Wir verstehen Bewegungen, indem wir uns mitbewegen, im Geist oder tatsächlich. Wir verstehen Tätigkeiten, weil wir sie selbst tun können oder uns vorstellen, wir könnten es. Unser Gehirn ist ein mächtiges Instrument; aber ohne Unterstützung durch unseren Körper und durch Menschen und Natur um uns herum wäre es nichts. Wie können Menschen denken, das Gehirn arbeite wie ein Computer, oder hoffen, ein Computer könne je wie ein Gehirn arbeiten?

Rationale Gedanken sind schlagkräftig. Aber sie wären schwach, wären sie nicht in rhetorisches Reden eingebettet. Wir sollten uns um eine Rhetorik der Mathematik bemühen.

Beziehungskiste Mensch – Maschine

Fachleute und Laien sprechen heute viel von »Mensch-Maschine-Kommunikation«. Nicht nur Verehrer der »künstlichen Intelligenz«, sondern alle – ob sie am Bildschirm ihres Heimcomputers sitzen oder große Softwaresysteme entwerfen – unterhalten sich mit ihrem Computer. »Wollen wir mal den Rechner fragen.« »Das Ding versteht mich einfach nicht.« Die Zeit, die der Rechner braucht, um auf einen Befehl zu reagieren, heißt »Antwortzeit«.

Solche Ausdrucksweisen sind naheliegend; schließlich verkehren wir mit dem Computer ausschließlich sprachlich oder bild-sprachlich. Trotzdem ist es ein Mißverständnis, zu glauben, wir könnten mit Computern kommunizieren wie mit Menschen. Gerade das, was die Kommunikation menschlich macht, geht dem Computer ab: die Fähigkeit, Themen zu wählen, zu verfolgen, abzubrechen; die Lust zu antworten, umzuformulieren, ins Wort zu fallen, zu widersprechen; die Kunst, Antworten zu wählen oder zu schweigen; die Freude, zu verstehen oder bewußt mißzuverstehen, zu witzeln, mit den Worten zu spielen; das Wissen, daß Gesagtes gesagt ist.

Ich sehe eine doppelte Gefahr, wenn wir zwischen menschlicher Kommunikation und Interaktion mit der Maschine nicht unterscheiden: wir überfordern die Maschine und unterfordern den Menschen. Der Computer ist ein wichtiges und angenehmes Hilfsmittel in vielen Bereichen; setzen wir ihn mit unerfüllbaren Hoffnungen ein, zerstören wir Arbeitszusammenhänge und menschliche Beziehungen. Menschen können ohne Verständigung mit anderen Menschen nicht leben; gewöhnen wir uns an Verständigung mit oder nur durch Maschinen, verlernen wir, mit Menschen zu reden.

Wir können uns verständigen in Umgebungen, die ich 'kleine Systeme' nenne. Verlieren wir das Maß, werden die Systeme zu groß oder zu klein, so nimmt auch die Verständigung ab. Computergestützte Systeme können unterschiedliche Qualität haben; aber ein System, in dem Computer den Takt angeben, kann nicht klein sein. Deswegen gibt es keine Kommunikation zwischen Mensch und Computer.

Kann ich mit meinem Computer reden?

Was ist so besonders an menschlicher Kommunikation? Ich habe zu dem Thema viel beim Lesen des Buches »Soziale Systeme« von Niklas Luhmann [Literatur, Teil L4] gelernt. Ich stelle das Gelernte am Beispiel eines Gespräches dar.

Zwei Menschen unterhalten sich. Die Frau redet, der Mann hört zu. Nach jedem Satz, auch während der Sätze zögert die Frau, sucht, was sie als nächstes sagen will. Jede dieser Pausen nutzt der Mann, um das Gehörte zu reformulieren: Er wiederholt es in eigenen Worten, fügt eigene Erfahrungen hinzu, ähnliche oder widersprechende. »Unser Hund kratzt sich laufend.« »Unser Hund tut das nie. Aber unsere Katze...« – »Ich lerne ungern aus Büchern.« »Das hat Goethe auch gesagt.« Gibt die Frau ihm Zeit genug, spricht der Mann aus, was er denkt. Sonst tut er es stillschweigend und deutet durch Nicken, Lachen, Unruhe an, daß er mitdenkt. Wie eine zweite Stimme, laut oder leise, begleitet das Mitreden des Mannes das Reden der Frau.

Ohne diese zweite Stimme gäbe es keine Kommunikation. Der Mann übersetzt das Gehörte laufend in seinen eigenen Erfahrungsschatz, nur so kann er es aufnehmen. Spricht die Frau zu schnell oder achtet sie nicht auf seine Reaktionen, kann er nicht mehr zuhören, das Gespräch versiegt, auch wenn sie weiterredet. Auch die Frau braucht die Begleitstimme, um zu prüfen, ob der Mann mitdenkt, um ihre Worte entsprechend zu wählen. So beeinflußt der Mann das Gespräch, auch ohne zu antworten. Antworten ist etwas anderes: der Mann hat genug aufgenommen, hat seine Erfahrungen neu geordnet und bewertet und spricht jetzt über diese neue Welt. Erste und zweite Stimme tauschen die Rollen.

Pausen beim Reden beziehen also den Zuhörer mit ein. In einem guten Vortrag läßt der Redner Pausen zum selben Zweck. Der Leser läßt das Buch sinken, weil es ihn zum Nachdenken anregt. Die Psalmen bestehen aus Doppelversen, im zweiten wird der erste paraphrasiert: »Warum toben die Heiden, und die Völker reden so vergeblich?« Waren das Wechselgesänge zwischen Priester und Gemeinde? In heutigen Liturgien gibt es das auch. In anderen Situationen fehlt es: Erwischt uns im Flur der Kollege und überschüttet uns mit seinen neuen Ergebnissen, so interessiert uns das nur, wenn wir selbst etwas von dem Gebiet wissen und wenn er uns die Möglichkeit gibt, seine Erkenntnisse für unsere Fragen zu nutzen. Sonst lassen wir ihn stehen mit unserem Jackenknopf in der Hand.

Für unser technisch maskiertes Denken ist Kommunikation Nachrichtenübertragung. Ich nehme eine Information aus meinem Wissensbestand und überreiche sie Ihnen, wie eine Kokosnuß. Wie unsinnig das technische Modell ist, sieht man schon daran, daß Wissen durch Weitergeben zu- und nicht abnimmt.

Information ist kein Ding, das man weitergeben kann. Ich wähle aus meiner Erfahrung etwas aus, wähle eine Formulierung; Sie entscheiden, daß Sie das als Mitteilung auffassen wollen, und wählen eine Ausdrucksform, mit der Sie das Gehörte in Ihre Erfahrung einfügen. Diese Veränderung in Ihnen (und in mir, ich lerne auch etwas durchs Reden) kann man Information nennen. Übertragen kann man nur Daten: Mitteilungsformen, genormte Ausdrücke einer Sprache, mit denen wir Informationen auslösen. Wenn wir eine technische Metapher benutzen wollen, dann die der Induktion, der Anregung: Ich teile Ihnen eine Erfahrung mit und rege Sie dadurch an, sie geistig nachzuvollziehen und so eine ähnliche Erfahrung zu machen. Auch dieses Modell ist irreführend: Die Anregung geschieht nicht automatisch wie die elektrische Induktion. Beide Partner wählen aus und entscheiden sich, sind autonom. Das ist bei der Maschine anders: sie wählt nicht aus, sondern reagiert automatisch. Sie reformuliert nicht. Im Computer speichern und verarbeiten kann man nur Daten; 'Informationsverarbeitung' und 'Informationssysteme' sind Wortmonster. Information geschieht. Für die Unterscheidung zwischen Daten und Information bin ich Klaus Fuchs-Kittowski und Bodo Wenzlaff dankbar.[42]

Vielleicht sagen Sie: »Natürlich reformuliert mein Computer. Er übersetzt das PASCAL-Programm, das ich eingebe, in Maschinencode; nur den kann er ausführen. Also überträgt er meine Befehle in seine Erfahrungswelt.« Eben: Befehle! Der Computer hat keine Wahl. Sogar das Compilieren befehlen Sie ihm, auch wenn Sie nicht daran denken. Wenn der Computer anders reagiert, als Sie erwarten, haben Sie einen Fehler gemacht, nicht der Computer eine Entdeckung. Ein Gespräch dagegen ist gerade erst fruchtbar, wenn Sie nicht genau wissen, wie der Partner reagieren wird.

Ein anderer wichtiger Unterschied ist der Bezug auf das Gespräch selbst: Wir wissen beim Unterhalten, daß wir sprechen und zuhören. Sie zögern vor dem nächsten Satz nicht nur, weil Sie ihn finden müssen, sondern auch weil Sie seine Wirkung auf mich und damit für uns beide, fürs Gespräch, überdenken. Das tut der Computer nicht. Er braucht Zeit, um das Ergebnis zu berechnen, aber dann hat er keine Hemmungen, es auszugeben. Menschliche Kommunikation ist selbstreferentiell und deswegen zögerlich: beim Reden und Hören schwingt mit, daß wir reden und hören, mit jedem Satz bauen wir dieses Selbstverständnis neu auf und bestätigen es. Deswegen sagen wir manches nicht: gesagt bekäme es ein falsches Gewicht. Der Computer zögert nicht, noch schweigt er. Der Computer kann nicht reden.

---

42 Siehe ihre Arbeit »Systems, and Form, Content, and Effects of Information« [L5].

Menschliche Kommunikation ist autonom und selbstreferentiell, daher kann sie witzig sein. Sie sind frei, in Ihrer Antwort die Sprachebenen leicht zu verschieben, damit Gelächter auszulösen und so Wirkungen zu erreichen, die Sie ernsthaft nicht erreicht hätten. Ich spreche von den Eisbären im Johannesburger Zoo, Sie werfen ein: »Johannisbeeren mit Eiscreme? Das ist eine ausgezeichnete Idee.« Versuchen Sie das mal mit ihrem Computer! Das beste, was Sie kriegen können, ist eine Fehlermeldung. Und umgekehrt? Schalte ich mein Terminal aus, erscheint als letztes ein witziger Spruch, über den ich nicht lache. Witzbücher sind öde, aber Witze aus dem Computer sind peinlich. Witze müssen persönlich kommen und treffen; deswegen haben Sie eben auch nicht über die Johannisbären gelacht. (Stimmt's?)

Versteht mich mein Computer?

»Das Ding versteht mich einfach nicht.« Versteht der Computer mich wirklich nicht? Oder hat er mich mißverstanden? Dann hätte ich mich ungeschickt ausgedrückt, müßte mich korrigieren. Nichtverstehen wäre schlimmer; dann müßte ich ganz neu ansetzen.

Wie ist das zwischen Menschen? In der Ausdrucksweise des letzten Abschnittes verstehe ich Sie richtig, wenn ich das, was Sie sagen, so in meine Erfahrung übersetze, wie es von Ihnen intendiert ist. Erfahrung paßt zu Erfahrung; sicher nicht dieselbe, aber zusammenklingend wie die Stimmen in einer Fuge. »Information ist ein Muster, durch das ich Verbindungen herstelle«, sagt Gregory Bateson in seinem Buch »Geist und Natur« [L2]. Wie sich die Linien in einem Muster wiederholen, wiederhole ich im Gespräch Ihre Erfahrung, gewinne so Information. Das ist auch noch so, wenn ich Sie mißverstehe: ich vollziehe eine andere Erfahrung nach als Sie gemeint haben, gewinne aber immer noch Information. 'Falsch verstehen' ist immer noch 'verstehen'.

Der Computer kann Sie nicht mißverstehen. Sicher übersetzt er Ihr Programm in seine Befehlswelt und seinen Datenschatz, aber er hat dabei keine Wahl. Tut er nicht, was Sie erwartet haben, liegt es an Ihnen, nicht an ihm. Er versteht immer richtig. Aber versteht er überhaupt?

Wieder: Wie ist das zwischen Menschen? Ich verstehe Sie, wenn ich das, was Sie sagen, in meine Erfahrung einordnen kann. Wenn Sie über Hunde, Kinder oder Computer reden, kann ich sinnvollerweise nur mitreden, wenn ich selber welche habe oder zumindest kenne. »Alle Burks sind Schnurks. Alle Schnurks sind Gurks. Was ißt der Oberburks?« Damit kann ich nichts anfangen, bis ich verstehe, daß Sie nicht über Exoten reden, sondern über Logik. Aber erst, wenn wir den Rechtschreibefehler entdeckt haben, ergibt die Frage wirklich Sinn, und ich kann versuchen, die Antwort zu finden.

Ist das beim Computer nicht genau so? Wenn Ihr Programm syntaktisch oder semantisch nicht in Ordnung ist – zum Beispiel weil Sie einen Programmierkalkül benutzt haben, den er nicht compilieren kann –, kann er damit nichts anfangen, Sie erhalten eine Fehlermeldung. Aber wenn er Ihre Befehle ausführen kann, versteht er sie, sind sie sinnvoll?

Schon im vorigen Jahrhundert hat der Logiker Gottlob Frege zwischen Sinn und Bedeutung unterschieden; siehe seinen Aufsatz mit diesem Titel [L5]. 'Bedeutung' ist leicht: Die Bedeutung eines Namens ist die benannte Person oder Sache; die Bedeutung eines beschreibenden Satzes ist der beschriebene Sachverhalt; die Bedeutung eines Programms ist die Aktion des Computers, der es ausführt. Mit 'Sinn' tut Frege sich schwerer: Eine Person kann zwei Namen haben, der eine nüchtern, der andere beleidigend; die Bedeutung der Namen ist dieselbe, der Sinn sicher nicht. Stelle ich Ihnen dasselbe Programm auf verschiedene Weise dar – ausführlich oder in Eile, zu Anfang eines Kurses oder am Ende, morgens oder abends, in Deutsch oder in ALGOL –, kann es Ihnen sinnvoll erscheinen oder nicht, je nachdem. Aber was ist dieses »selbe« Programm? Und warum kann dasselbe Programm – wirklich dasselbe – für einen Menschen Sinn ergeben, für einen anderen nicht? 'Sinn' scheint nicht in den Wörtern zu liegen, sondern in der Art der Kommunikation.

»Sinn erscheint in der Form eines Überschusses von Verweisungen auf weitere Möglichkeiten des Erlebens und Handelns«, definiert Niklas Luhmann in dem schon zitierten Buch »Soziale Systeme« [L4]. Klingt kompliziert, ist aber einfach: Sie sagen etwas. Kann ich damit »nichts anfangen«, also keine Antwort oder Tätigkeit daraufhin beginnen, sage ich: »Ich verstehe Sie nicht. Das ergibt keinen Sinn.« Finde ich aber etwas Passendes in meinem Erfahrungsschatz, kann ich verstehen und antworten. Der Überschuß ist also doppelt da: zunächst in den verschiedenen Möglichkeiten zu verstehen, dann in den vielen Weisen, das Gespräch fortzusetzen.

Wieder zieht der Computer den kürzeren. Er kann Ihr Programm verweigern oder ausführen, aber mehr Möglichkeiten hat er nicht. Er verhält sich entsprechend der Bedeutung Ihres Programms, aber einen Sinn sieht er darin nicht. Er kann Sie nicht verstehen, weder richtig noch falsch.

Es lohnt sich, den »Überschuß« genauer anzusehen. Sie sagen etwas. Sehe ich keine Möglichkeiten, daran anzuknüpfen, habe ich Sie nicht verstanden. Aber auch eine einzige Fortsetzungsmöglichkeit ergibt noch keinen Sinn. Um einen

Befehl zu verstehen, reicht es nicht, ihn auszuführen. Was sind die Folgen? Was geschieht, wenn ich mich weigere? Warum gerade ich? Wer gibt Ihnen die Macht? Erst wenn ich die Fragen stelle und beantworte, habe ich den Sinn des Befehls erfaßt. Wenn ich nicht sehe, wie mein Leben weitergehen kann, habe ich Angst zu sterben. Aber sinnlos ist es schon, wenn ich keine Wahl sehe, wie ich es weiterführen könnte. Wir Menschen sind ungeeignet, Befehle unbefragt auszuführen; wir brauchen immer eine Wahl. Computer können nichts als Befehlen folgen.

Wenn Sie Unsinn reden, kann es auch daran liegen, daß Sie zu viele Anknüpfungsmöglichkeiten lassen, nicht zu wenige. Sie widersprechen sich, oder Sie schwätzen banales Zeug. Darauf kann ich alles sagen, also vielleicht besser gar nichts. Das Gespräch versiegt. Sinnvoll bewege ich mich delikat zwischen den Extremen von zu viel und zu wenig Vorgaben, ich balanciere.

Wie reden wir sinnvoll miteinander?

Ob ein Gespräch fließt oder ob es wegen zu viel oder zu wenig Anknüpfungsmöglichkeiten versiegt – das ist kein rein numerisches Problem. Alles hängt von den Teilnehmern und den äußeren Umständen ab: nicht nur von ihrer Anzahl, sondern auch von den Mitteln, die ihnen fürs Gespräch zur Verfügung stehen, den Regeln, die sie befolgen, der Sprache, die sie benutzen, ihrer Kenntnis und ihrem guten oder bösen Willen und schließlich der Wertschätzung, die sie einander und dem Thema entgegenbringen. Um Klarheit in die Situation zu bringen, stelle ich drei Thesen auf.

These 1: In jeder dieser Hinsichten gibt es Extreme von Zuviel und Zuwenig und eine Bewegung dazwischen, aber keine Gegensätze wie 'gut – böse' und auch keine goldene Mitte.

These 2: Die Hinsichten sind nicht unabhängig wie mathematische Dimensionen. Extremes Verhalten in einer Hinsicht zieht leicht Extreme in den anderen nach sich.

These 3: Die Kommunikation ist nur lebendig, wenn wir in keiner der Hinsichten im Extrem stecken bleiben.

Betrachten wir die aufgezählten Hinsichten der Reihe nach: Am geläufigsten ist sicher, daß die Qualität eines Gesprächs von der *Anzahl* der Teilnehmer abhängt. »Two are a company, three are a row.« »Tres faciunt collegium.« Ein Selbstgespräch ist, wenn nicht narzißtisch, ein verkapptes Zwiegespräch. Bei mehr als fünf Partnern zerfällt die Runde in der Regel in wechselnde Untergruppen; Anführer treten auf, deren Wort mehr gilt; man stellt Regeln auf: »immer der

Reihe nach«, »nur reden, wenn du gefragt wirst«; man benutzt Hilfsmittel wie Tafel und Kreide. Bei wirklich vielen Teilnehmern werden die Mittel aufwendiger: Mikrofon und Lautsprecher, die Regeln starrer: Rednerliste, die Abstände größer in jeder Beziehung. Vortrag und Vorlesung sind extreme Formen der Kommunikation, in denen der Redner und seine Sache im Mittelpunkt stehen, die Zuhörer bestenfalls angeregt werden, sich eigene Gedanken zu machen. Wenn ich zu vielen spreche, sage ich weniger, damit jeder etwas damit anfangen kann. »Am liebsten halte ich Vorlesungen vor 5000 Studenten«, schwärmte einmal ein amerikanischer Kollege; »da kommt doch was rüber.« Er schien sich selber sehr hoch und die Studenten als Gesprächspartner gering einzuschätzen.

Sind die *Hilfsmittel* zu aufwendig oder unzulänglich, so richten wir unsere Aufmerksamkeit auf sie statt auf die Partner, schränken unsere Möglichkeiten ein oder unsere Fähigkeit, sie zu ergreifen. Rauschen im Telefon stört, aber die Darbietung des Sprechers auf verschiedenen Bildschirmen ebenso. Der englische Logiker, Mathematiker und Computerwissenschaftler Alan Turing schlägt in seiner Arbeit »Computing Machinery and Intelligence« [L5] einen Test vor, um die Frage »Können Maschinen denken?« zu beantworten. Darin befragt jemand eine Frau und einen Computer über eine Datenleitung. Der Computer soll als intelligent gelten, wenn er ebenso oft wie ein Mann dem Frager vorspiegeln kann, er sei die Frau. Auch wenn es solche Computer gäbe, wäre das Ergebnis nicht überzeugend. Eine Datenleitung ist gleichzeitig zu aufwendig und zu ärmlich, um echte Kommunikation zu erlauben. »Begging the question«, nennt man das.

Daß zu starre oder fehlende *Regeln* die Kommunikation behindern, ist wohl schon deutlich geworden. Jetzt denken wir nicht an die Auswahl des zu Sagenden, sondern ans Verstehen, an die Auswahl der Interpretation durch Sprecher und Hörer. Da bedeuten starre Regeln eine formalisierte Sprache, ein festgelegtes Wissen, Bevormundung und mangelnde Wertschätzung des Partners und eine Überschätzung der eigenen Kompetenz. Umgekehrt rührt das Fehlen von Regeln oft von mangelnder Selbsteinschätzung und Willenskraft der Partner, von Unsicherheit im Wissen und Unfähigkeit in der Sprache her.

Für unser Thema ist *Sprache* am wichtigsten. Offensichtlich schränken wir durch Formalisierung der Sprache die Wahlmöglichkeiten für Sprecher und Hörer drastisch ein. Vielfach ist das fürs Verstehen wesentlich: Ohne formale Ausdrücke keine Mathematik; ohne Programmierkalküle könnten wir mit Computern nichts anfangen. Auch Richter, Künstler, Pfarrer predigen, schaffen, urteilen mit Hilfe formalisierter Ausdrucksweise. Fruchtbar sind Formalismen allerdings nur für den, der sich ihrer frei bedienen kann. Warum haben so viele Menschen Schwierigkeiten, mit Mathematik umzugehen? Weil sie Angst davor haben.

Warum haben sie Angst? Weil sie Mathematik nicht verstehen können. Warum können sie sie nicht verstehen? Weil sie mit ihr nicht umgehen können. Meist wird schon das Kind in diesen Teufelskreis gestoßen – nein gezogen, von einer anderen verdammten Seele. Daneben gibt es den entgegengesetzten Hexenzirkel der Besessenen, die alle Scheu vor dem Formalismus und damit alle Beziehung zur Wirklichkeit verloren haben. Sie können nur formale Schritte tun, und alle mit gleicher Berechtigung. Was sie sagen, mag Bedeutung für ihre Karriere haben; Sinn ergibt es nicht.

Unser *Wissen* ist mit unserem Sprechen eng verflochten. Wissen wir zu wenig oder zu viel vom Thema, können wir nicht hören, was der andere sagen will, und nicht sagen, was ihm weiterhelfen könnte. In dieser Hinsicht ist ganz klar, daß es keine ideale Mitte zwischen Zuviel und Zuwenig gibt: Wüßten wir alle genug vom Thema, um kompetent zu reden, käme das Gespräch gar nicht erst zustande. Je intensiver es verläuft, desto mehr lernen wir dabei. Ist unser Wissen reich genug, erlahmt unser Interesse und das Gespräch.

Die inneren Hinsichten sind die wichtigsten für die Qualität der Kommunikation und werden am wenigsten bedacht. Die Kommunikation ist soviel wert, wie ich ihr *Wert* beimesse. Was nutzt mir Kompetenz, wenn ich den anderen oder mich selbst verachte oder zu hoch einschätze? Ich bin blinder als das blinde Huhn; denn durch die falsche Einschätzung bin ich auf mein Verständnis festgelegt. Da gibt es kein neues Korn zu picken. In keiner anderen Hinsicht scheitert die Verständigung zwischen Lehrer und Schüler so leicht. Wie schließlich kann ich wählen ohne den richtigen *Antrieb*? Bin ich matt und resigniert oder wild entschlossen – schnell zugreifen kann ich beide Male nicht. Die Worte plätschern unverbindlich vorbei, es fehlt mir der Wille, Sinn hineinzugeben oder herauszuholen.

Haben sich die Thesen bewährt? Verkrallen wir uns in einer der Hinsichten im Extrem, sind wir nicht mehr frei, Anschlußmöglichkeiten zu eröffnen oder wahrzunehmen. Es gibt zu starke Einschränkungen oder zu wenig Hinweise für die Wahl von Interpretationen oder Antworten. Das Gesagte ergibt keinen rechten Sinn, wir verstehen nicht mehr, hören auf zu reden. Verklemmung in einer Hinsicht führt leicht zu Verkrampfung in den anderen. Am auffälligsten beeinflußt die Anzahl der Teilnehmer das Verhalten in anderen Hinsichten; umgekehrt findet sich die richtige Anzahl, wenn man ein lebendiges Gespräch will. Ich lasse deswegen 'Anzahl' als selbständiges Kriterium weg; sowieso gehört 'Anzahl der Teilnehmer' zu den äußeren Umständen, Kategorie 'Hilfsmittel'. Die Extreme sind also in keiner Hinsicht meßbar.

Erzähle ich einem Kind ein Märchen, versteht es das sofort; ich spreche aus seiner Welt. Auch eine Geschichte können wir meist ohne viel Nachdenken in die eigene Erfahrung übersetzen. Bei einer wissenschaftlichen Diskussion ist das anders: wir müssen daran arbeiten, die Verbindung zu unserer Sprache herzustellen. Die meisten Wissenschaftler werden in ihrem Jargon so heimisch, daß sie den Weg zur Umgangssprache zuwachsen lassen. Sie können dem Laien nicht mehr sagen, was sie tun, können daher auch nicht darüber nachdenken und Rechenschaft ablegen; denn dazu brauchen sie die Muttersprache. Sie überlassen es dem Nichtwissenschaftler, über die Wissenschaft zu schreiben; aber von außen kann man eine Wissenschaft nicht verstehen, also auch nicht beurteilen. Gelegentlich gibt es Menschen, die auf menschliche Weise Wissenschaft treiben und in menschlicher Sprache darüber schreiben – Außenseiter wie Henry David Thoreau mit »Walden Pond« im vorigen Jahrhundert oder Dichter wie Annie Dillard mit »Pilgrim at Tinker Creek« [beide in L1] in diesem, beide Amerikaner.

Ist mein Computer ein Werkzeug?

Was ist nun mit Ihrem Computer? Kommunizieren wie mit einem Menschen können Sie mit ihm nicht, habe ich in den beiden ersten Abschnitten behauptet. Dürfen Sie ihn überhaupt verwenden, oder stört er die Kommunikation? Die Analyse des letzten Abschnitts hilft Ihnen bei der Frage nicht, denn da geht es nur um menschliche Kommunikation. Oder doch?

Heben Sie Ihren Computer vom Sockel der Wunder- oder Höllenmaschine. Hören Sie auf, ihn zu hassen oder zu bewundern; betrachten Sie ihn als Hilfsmittel, Kategorie 1. Hören Sie auch auf, den Verkäufer oder die Herstellerin, die Programmiererin oder den Wartungsfritzen zu bewundern oder zu hassen; betrachten Sie sie als Partner, mit denen Sie über und durch den Computer kommunizieren. Ändern Sie Ihre Blickrichtung! Entwerfen, benutzen, untersuchen Sie keine Kommunikationssysteme, die aus Computern bestehen oder von ihnen gesteuert werden und in denen Menschen nur die Benutzerkomponente darstellen. Das Kommunikationssystem besteht immer aus Menschen, denn nur sie können kommunizieren. Ob Computer dabei hilfreich oder hinderlich, unentbehrlich oder höchst überflüssig sind, liegt an Ihnen. Das ist die Botschaft im letzten Abschnitt.

Es ist wie mit der Mathematik. Um einen Computer zu benutzen, müssen wir ihn programmieren, also einen formalen Kalkül benutzen. Dieser Kalkül ist strikter formal als jeder mathematische. Da darf kein Strichlein fehlen, jede Linie im Pentagramm auf dem Bildschirm muß schließen; da beißt keine Maus einen

Faden von ab. (Das hat Goethe nicht gewußt.) Aber es liegt an Ihnen, ob die Kommunikation dadurch erstarrt oder lebendig bleibt. Sie müssen den Kalkül gut genug kennen, aber darüber Ihr Alltagsdeutsch und die eigentliche Problemstellung nicht vergessen. Probleme sind nie formal; denn sie betreffen Menschen. Sie müssen wissen, welche Formalismen Ihre Partner beherrschen und mögen, und Sie dürfen ihnen Ihre Vorlieben nicht aufzwingen. Es gibt Menschen, die über Telefon, Sekretärin oder Briefe nicht erreichbar sind, aber fleißig ihre elektronische Post lesen. Herrlich; schreiben Sie ihnen nachts um 3, und lesen Sie zum Frühstück die Antwort. Wenn Sie das Kommunikationsnetz als ein System von Menschen betrachten und nicht als ein technisches System, werden die technischen Hilfsmittel von selbst nicht aufwendiger als nötig und die zu beachtenden Vorschriften so locker wie möglich ausfallen. Die Kommunikation in einem solchen computergestützten System (nicht Computersystem!) kann so lebendig sein wie Sie wollen.

Früher hielt ich den Nutzen von Computer-Textsystemen für zweifelhaft. Jetzt benutze ich selbst eins, mit Begeisterung. An der Schreibmaschine schrieb ich viel verkrampfter; dort sind Tippfehler ein Verhängnis, am Computer lassen sie sich leicht und spurlos verbessern. (Sie sprechen mir aus der Seele! Anmerkung einer Sekretärin.) Auch schreibe ich eher mal einen Brief, wenn ich ihn schnell selbst tippe statt ihn aufzusetzen, tippen zu lassen, Korrektur zu lesen. Trotzdem finde ich die Arbeit am Bildschirm anstrengend und ermüdend. Liegt es an den Augen? Am starren Ort, den festgelegten Bewegungen? Hetzt mich das Blinken des Cursors und das Summen des Ventilators? Kastelt der Bildschirm mein Denken ein? »Die Maschine repräsentiert Deinen Job und bringt all seinen Druck auf Deinen Schreibtisch«, sagte mein Kollege Glen Pate auf meine Frage hin. Ich benutze das System wieder weniger, schreibe diese Arbeit mit Bleistift, tagsüber im Liegestuhl im Garten, nachts im Sessel. Vielleicht tippt sie meine Sekretärin, vielleicht gehe ich selber dran. Ich habe meine Handschrift schon lange, durch Mitschreiben in Vorlesungen, ruiniert. Also bin ich für die Kommunikation auf die Maschine angewiesen. Es liegt an mir, dabei Vorteile und Nachteile für mich und andere abzuwägen. Man sagt, daß Menschen, die zu viel am Schreibautomaten arbeiten, Kommunikationsprobleme entwickeln. Kein Wunder, wenn sie sich immer auf die Maschine konzentrieren. Wenn sie das vorziehen, werde ich sie nicht hindern. Aber darf ich Menschen zu solcher Arbeit bringen?

Die Deutsche Bundespost plant in Zusammenarbeit mit der Industrie ein Kommunikationsnetz, das die gesamte Bundesrepublik umspannen soll; (West-) Europa wird folgen. In dem Netz sollen alle denkbaren »Kommunikationsdienste« integriert angeboten werden, Anbieter und Verbraucher müssen nur auswählen. Die kritischen Stimmen mehren sich, daß die Planung eine schwere Fehlentscheidung sei; siehe stellvertretend die Arbeit »Alternative Entwicklungspfade der Telekommunikationspolitik« von Herbert Kubicek und Barbara Mettler-Meibom [L5]. Das Netz ist ausschließlich nach technischen und ingenieursmäßigen Gesichtspunkten geplant. Die Bedürfnisse und Möglichkeiten der Hersteller und Betreiber werden berücksichtigt, aber nicht die der Benutzer. Juristische und ethische Probleme werden vernachlässigt, Alternativen werden nicht betrachtet, der Benutzer hat keine echte Wahl und keinerlei Einfluß. Könnte man ein solches System nicht nach den Prinzipien des letzten Abschnitts entwerfen? Als erstes verschwände die Vorstellung eines einzigen universellen Netzes. Ein technisches System dieser Größe ist denkbar, wie man am Telefonnetz sieht. Ob ein Computernetz dieses Ausmaßes realisierbar wäre, ist mehr als fraglich; Computer leisten mehr als andere Maschinen, sind dafür fehleranfälliger. Aber ein Kommunikationsnetz, das alle Menschen in der Bundesrepublik umfaßt, ist eine absurde Idee. Kommunizieren kann man nur in kleinen überschaubaren Gruppen. Also müßte man diese Gruppen finden, besser: sich finden und zu Wort kommen lassen. Ein Ruderclub oder eine Frauenpartei, das Selbsthilfenetzwerk oder das Innenministerium werden ganz unterschiedliche Wünsche nach Kommunikation und ihrer technischen Unterstützung haben, intern und nach außen und von außen. Sind wir technisch so unterentwickelt, daß wir sie nicht verwirklichen könnten? Was für ein Spaß und was für eine Herausforderung wäre es für alle Beteiligten. Stattdessen entwirft man mit staatlicher Unterstützung einen Gigantosaurus, der nie aussterben wird, weil er gar nicht lebensfähig ist.

Außer als Hilfsmittel zur Kommunikation benutzen wir Computer heutzutage vor allem, um Arbeitsabläufe zu organisieren. »Wir machen die Arbeit effizienter, leichter, angenehmer; die monotonen Tätigkeiten übernimmt die Maschine.« Tatsächlich entsteht neue Monotonie auf anderer Ebene, die Arbeit wird standardisiert, Bereiche fallen weg, wenn nicht der ganze Arbeitsplatz. Können wir auf solche Situationen die Analyse des letzten Abschnitts anwenden? Sicher. In allen möglichen Lebensbereichen können Sie die Extreme der zu großen oder zu kleinen Systeme entdecken und auf »kleine«, angemessene, lebendige Systeme hinwirken. Lesen Sie dazu die anderen Arbeiten in diesem Band oder, noch besser, arbeiten Sie selbst daran. Sie wollen einen Arbeitsbereich computerisieren? Das ist kein technisches, sondern vor allem ein soziales Problem. Sehen Sie sich die Menschen an, ihre Beziehungen, ihre Tätigkeiten. Was wollen sie (nicht Sie!) ändern? Was können Sie davon realisieren? Wo können Sie dabei Computer sinnvoll einsetzen? Welche neuen Probleme und Konflikte entstehen? Dieses Vorgehen gewinnt im Softwareentwurf immer mehr Anhänger. Markku

Nurminen beschreibt es in seinem Buch »People or Computer – Three Ways of Looking at Information Systems« [L5]. Aus dieser »humanistischen Sichtweise« heraus können Sie die Kriterien des letzten Abschnitts anwenden: Können alle Beteiligten in einer vertrauten Sprache miteinander kommunizieren, wissen sie genug vom System und den anderen? Kommen sie mit einfachen Mitteln und lockeren Regeln aus? Sind sie motiviert und beweglich gegeneinander? Können Sie (und sie!) alle diese Fragen positiv beantworten, können Sie an die technische Realisierung gehen und ein kleines System schaffen, in dem Computer von Nutzen, vielleicht unentbehrlich sind. Andernfalls müssen Sie neu anfangen, tiefer ansetzen; die perfekteste Computerlösung brächte nur Unglück.

So klärt sich auch der Streit, ob Computer Maschinen oder Werkzeuge seien. »Mein Computer ist ein wundervolles Werkzeug. Ich kenne ihn so gut, er ist wie ein Schraubenzieher in meiner Hand.« »Das ist eine Illusion. Computer sind Maschinen, die alles um sie herum in rationale Zwänge ziehen. Sie glauben, Ihren Computer zu kennen? Sie haben sich ihm nur angepaßt.« Beide haben unrecht, Computer sind weder Werkzeuge noch Maschinen. Setzen Sie Ihren Computer in den Mittelpunkt und gruppieren Ihr System um ihn herum, wird er sich wie eine Maschine benehmen und alle nach seiner (also Ihrer!) Pfeife tanzen lassen. Geist und Leben weicht Kunststoff und Elektronik. Benutzen Sie ihn als Hilfsmittel im kleinen System, ist er ein mächtiges Werkzeug – nützlich, gefährlich. Sie müssen immer auf die Rollen achten.

Auch Systeme sind nicht groß oder klein. Aber Sie können auf kleine oder große Weise denken und arbeiten; dann können Sie Systeme so oder so erleben. »Think small!« Der Slogan könnte von E. F. Schumacher stammen. Von seinem Buch »Small is beautiful. Economics as if People Mattered« habe ich früh gelernt und die irreführende, aber prägnante Bezeichnung 'klein' und 'groß' übernommen. Kleine Systeme sind nicht meßbar klein, aber in jeder Hinsicht so angelegt, »als ginge es um den Menschen«. Der Informatiker Robert Pirsig schreibt in seinem Buch »Zen und die Kunst ein Motorrad zu warten« [L6] über Qualität. Qualität ist, wie Kleinheit, keine Eigenschaft von Produkten, sondern eine Sicht-, Arbeits-, Lebensweise. Wie bei den kleinen Systemen kann man steckenbleiben und verliert die Qualität.

Kann mein Computer lernen?

»Die Computer, die wir jetzt entwerfen, sind vielleicht noch nicht so intelligent. Aber bald werden wir lernende Computer haben, die sich unbeschränkt entwickeln.« Was können Computer lernen? Wie lernen Systeme? Würde sich der einzelne Computer entwickeln wie ein Lebewesen, oder ginge die Entwicklung über Generationen wie in der natürlichen Evolution?

Gregory Bateson hat sein Leben lang Lernen und Entwicklung erforscht. Er hat sich selbst vom Biologen zum Anthropologen, zum praktischen und theoretischen Psychotherapeuten und schließlich zum Systemtheoretiker entwickelt. Man kann diese Entwicklung in dem Band »(Schritte zu einer) Ökologie des Geistes« miterleben, in dem seine Arbeiten und Vorträge gesammelt sind. Er selbst hat seine Erkenntnisse in dem Alterswerk »Geist und Natur – eine notwendige Einheit« [beide in L2] zusammengefaßt. Seine Hauptthese ist: Lernen im Individuum und Evolution der Natur verlaufen nach denselben Prinzipien, es sind zwei ähnliche, ineinanderwirkende stochastische Prozesse.

Wesentlich ist für ihn das Begriffspaar *Form – Prozeß*. Form ist alles Feste in einem System: die Dinge und Regeln, unsere Sprache und unser Wissen, unser Glauben und unsere Antriebe – was ich im dritten Abschnitt als Kriterien für das Systemverhalten benutzt habe. Prozesse ereignen sich: wir handeln und dulden, wir befehlen und gehorchen, wir reden und denken, wir empfinden, wir leben. Prozesse laufen in Formen ab und erzeugen neue Formen. Formen ermöglichen Prozesse und werden durch Prozesse verändert. Ohne Formen keine Prozesse, ohne Prozesse keine Formen, ohne das Zusammenspiel beider keine Entwicklung. Formen spiegeln die Geschichte des Systems wider, sie sind sein Gedächtnis; Prozesse *sind* die Geschichte. Bateson stellt die Beziehung als ein Zickzack von Linien zwischen Form und Prozeß dar, die zusammen die Leiter der Entwicklung bilden. Weil Form und Prozeß nie getrennt sind, finde ich die Spirale ein schöneres Bild.

Nehmen wir als Beispiel wieder ein Gespräch. »Schöner Abend heute«, habe ich gesagt. Sie zögern einen Moment. Unter den vielen möglichen Reaktionen wählen Sie eine: »Schöner Abend heute«, sagen Sie. Sie hätten anders reagieren können: schreien, mit den Armen fuchteln; Sie hätten etwas anderes sagen können, oder in anderer Form. Mit jeder Entscheidung hätten Sie auf meine Bemerkung reagiert und die Grundlage für den Fortgang des Gesprächs gelegt. Statt Ihrer hätte ich reden, oder eine Libelle hätte plötzlich zwischen uns hindurchfliegen können. Deswegen nennt Bateson Entwicklung einen stochastischen Prozeß: Er wird dauernd von Entscheidungen der Beteiligten und von äußeren Ereignissen beeinflußt, beide Einflüsse sind für die Beteiligten nicht vorhersehbar, also zufällig. Die kleinen Prozesse und Formen von Rede und Gegenrede bilden also zusammen einen großen Prozeß: das Gespräch, in das wir uns als Personen einbringen und das wir, vielleicht kurz, in Erinnerung behalten. Wieder darüber laufen die Prozesse unserer persönlichen Entwicklung, der Geschichte, der natürlichen Evolution. Das stetige Anwachsen und Verändern von Formen, auf die die Prozesse zurückgreifen, nennen wir Lernen.

Prozesse erleben wir, beschreiben können wir nur die Formen. Auch weitergeben können wir nur die Formen; aber verstehen können wir das Empfangene nur in Form von Prozessen, die es in uns auslöst. Wir müssen die Kokosnuß aufmachen, um zu lernen. In unserer Zivilisation sind wir fixiert auf Formen. Wir glauben nur Geschriebenem, noch besser Gedrucktem. (Witzigerweise ist es billiger, Gedrucktes zu versenden als Geschriebenes, am teuersten ist Ferngesprochenes. Irgendetwas stimmt wirklich nicht mit der Deutschen Bundespost.) Wir lieben die Hauptwörter und unterdrücken die Verben. (Stimmt nicht? Sehen Sie in der Zeitung nach oder in dem, was Sie zuletzt geschrieben haben.) Ich selber habe den Unterschied zwischen kleinen und großen Systemen mit Hilfe von Hauptwörtern charakterisiert, die am Anfang dieses Abschnitts als Beispiel für 'Form' wieder auftauchen. Versuchen sie mal, kleine Systeme über Prozesse zu beschreiben; die passenden Verben finden Sie oben unter 'Prozeß'. Dann wird klarer, daß Adjektive wie 'klein', 'angemessen' nicht Eigenschaften von Systemen widergeben, sondern eine Form von Beschreibung neben anderen darstellen.

Wir sind fixiert auf große Systeme, auf Extreme in jeder Hinsicht. Wir trauen Überlieferungen und Ritualen nicht, wir wagen nicht zu sagen, was wir glauben und fühlen und können; dafür haben wir Gesetze und Normen, Institutionen und Schulen für alles. Daher gibt es ein Übermaß an Form im öffentlichen Bereich und ein Vakuum im privaten. Wir können uns nicht frei bewegen von Formen zu Prozessen, von Prozessen zu Formen. Kleine Systeme halten sich nicht im Gleichgewicht, sondern im Wechsel zwischen Extremen; sie sind dauernd in Bewegung.

Für den Philosophen und Mathematiker Imre Lakatos sind Beweise Gespräche zwischen Wissenschaftlern. In seinem Buch »Beweise und Widerlegungen« [L5] diskutieren Schüler einen Satz von Euler über Polyeder, beginnend mit dem ursprünglichen Beweis. Immer wenn es einigen von ihnen gelingt, einen Beweis zu verstehen, finden andere Lücken oder Fehler oder Gegenbeispiele – sie müssen den Beweis ändern oder den Satz oder die Definitionen oder ihr Verständnis davon. Das ist – auch in der äußeren Form des Dialogs – die Spirale von Bateson. Wir verstehen einen Satz nicht, wenn wir den Beweis nachvollziehen und so den Satz für wahr befinden. Satz und Beweis spiegeln jeweils unser momentanes Verständnis wider, sind Produkt unserer bisherigen Arbeit und Ausgangspunkt für tieferes Verstehen und neue Sätze. Tatsächlich zeichnet Lakatos mit dem Dialog die wahre Geschichte des Beweises nach – eine reizvolle Art, Geschichte zu schreiben. Die Geschichte endet mit einer abstrakten algebraischen Theorie, in der Polyeder nur noch dem Namen nach vorkommen. Lakatos läßt offen, ob er damit das Ziel erreicht sieht oder den Bogen überspannt, zerbrochen – bizarre Form, von der keine Entwicklung mehr ausgeht.

Können Computer lernen? Entgegen der landläufigen Sprechweise laufen im Computer keine Prozesse ab. Die Vorgänge im Computer sind Folgen von Zuständen, die sich sprunghaft ändern, ohne Zufallseinflüsse. In Prozessen gibt es keine Zustände, nur stetig sich verändernde Formen. Ein Computer ist von einem äußeren Eingriff bis zum nächsten völlig determiniert, er ändert sich nicht. Prozesse leben von Entscheidungen und Ereignissen. Computer sind Teil der Form eines Systems, aber nicht das System selbst. Computer können ihre Daten auf sehr komplizierte Weise verändern; informiert wird dadurch nur der Nutzer, für den die Daten sinnvoll sind. Computer lernen nicht. Lernen können Menschen mit Hilfe von Computern, auf unerwartete Weise.

Wenn Computer nicht reden können, sollte man Programmierkalküle nicht 'Sprachen' nennen. Solche Formalismen sind wie die mathematischen und logischen der natürlichen Sprache nachgebildet, aber per Definition, nicht durch Entwicklung. Sie ändern sich nicht, wir müssen sie ändern. Richtig gebraucht sind sie Werkzeuge, Kategorie 'Hilfsmittel', nicht 'Sprache'. Mißbraucht werden sie zu Fallen.

Wenn Computer sich nicht ändern, wie kann es sein, daß sie veralten? Wir kaufen oder entwerfen ein perfektes System, benutzen es mit Begeisterung, aber früher oder später entspricht es unseren Vorstellungen nicht mehr. Natürlich nicht; denn wir haben uns geändert, der Computer ist geblieben. Also ändern wir ihn und ändern ihn wieder, aber irgendwann schmeißen wir ihn weg. Peter Naur untersucht das Entstehen und Veralten großer Softwareprodukte in seiner Arbeit »Programming as Theory Building« [L5]: was man mit dem Produkt machen kann, wissen nur die Leute, die es entworfen, benutzt und gewartet haben. Diese »Theorie«, das Wissen um die Geschichte, ist nicht zu formalisieren, nicht einmal aufzuschreiben; wechselt das Team, ist das Produkt tot und nicht wieder zum Leben zu erwecken.

Natürlich sind wir es, die altern, nicht die Computer. Die Produkte, die wir entwerfen, nutzen sich ab, aber ändern sich nicht. Bilden wir uns nicht ein, wir könnten evolvierende Systeme entwerfen, um der Mühe und Bedrohung der eigenen Entwicklung zu entgehen. Für das Kleine-Systeme-Denken ist das Haften an Formen ein Extrem, das Verachten von Formen ein anderes, dazwischen wimmelt es von Leben und Tod.

Theorien müssen nicht groß sein

Theoriebildung als das Gestalten mit Prototypen

Während Menschen ein großes Softwaresystem entwerfen, bauen sie eine Theorie dazu auf, die sie aber nicht schriftlich weitergeben können, sagt Peter Naur. Wie denn sonst? Durchs Gestalten mit Prototypen (Musterbeispielen) schaffen sie Systeme, die klein genug sind, um sie testen und diskutieren zu können. So bringen Ingenieure und Dichter, Mathematiker und Informatiker all ihre Fähigkeiten ins Spiel; dann können sie die Ergebnisse auch vermitteln. Der Weg zur Wahrheit führt nicht nur übers Handeln und Abstrahieren, sondern ebenso durch die Leidenschaften. Eine Theorie aufbauen heißt mit Prototypen gestalten.[43]

[43] Die Arbeit habe ich am Hollins College in Virginia/USA begonnen, als ich – mit Hilfe eines Reisestipendiums der Deutschen Forschungsgemeinschaft – Margaret K. Woodworth besuchte.

Gestalten mit Prototypen

»Auf den Prototyp kommt es nicht an, sondern aufs Herstellen. Es geht um die Tätigkeit, nicht ums fertige Produkt. Mein ganzer Arbeitsstil hat sich geändert, als ich das begriff.«

Christiane Floyd, Informatikerin

»Ein Prototyp ist eine letztgültige Form, ein Muster, das viele spätere Kunstwerke prägt.«

Margaret K. Woodworth, Literaturwissenschaftlerin

»Was ist ein Prototyp?« hatte ich beide Frauen gefragt. Die Antworten tönen wie aus zwei Welten; wie können wir sie in Einklang bringen? – Sehen wir uns verschiedene Gebiete an, in denen man das Wort 'Prototyp' braucht.

Ingenieure stellen einen Prototyp von einem neuen Auto her. Das ist ein lauffähiges Modell, an dem sie neue Ideen – zur Technik, zur Ausstattung, zum Aussehen – testen können, bevor sie die Serienproduktion beginnen. Die Testergebnisse werden diskutiert, das Modell entsprechend geändert, vielleicht eine zweite Version hergestellt. Die Beteiligten durchlaufen diesen Kreis – Herstellen, Testen, Diskutieren, Ändern – so lange, bis sie zufrieden sind oder die Geduld verlieren oder die ganze Sache aufgeben. Der letztendliche Prototyp – wenn es soweit kommt – ist das perfekte Modell – aaah!– , nach dem die Autos in Serie gebaut werden.

Hier sehen wir, daß die beiden Vorstellungen von Prototyp, die wir oben hatten, nicht im Widerspruch stehen. Es sind bloß verschiedene Sichtweisen. Die Ingenieure sind mit dem Erstellen von Prototypen beschäftigt, die Produktionsabteilung will ein endgültiges Modell. Wahrscheinlich wäre es am besten für die Firma, wenn sie die beiden Sichtweisen zusammenbrächte: wenn Produktionsleiter und Werbemanager auch in der Prototyp-Phase beteiligt wären, nämlich beim Testen und Diskutieren; und wenn die Ingenieure nicht nur nach Stunden bezahlt würden, sondern auch fürs Ergebnis – zum Beispiel, wenn sie auch mit der Werbung zu tun hätten und von den Verkaufsziffern profitierten.

In der *Informatik* müssen wir zwei Situationen unterscheiden. Wenn ein Software- und/oder Hardware-System auf Initiative und Verantwortung der Firma gebaut und dann in vielen Exemplaren verkauft wird, ist es mit den Prototypen wie beim Auto: das fertige System ist der Prototyp für die Produktion. Aber oft wird ein System im Auftrag eines Kunden erstellt, nur einmal. Dann würde es zu viel Zeit und Geld kosten, Prototypen im Großen, für das ganze System, zu bauen. Stattdessen wählen die Entwickler irgendeinen Aspekt oder Teil des

Systems aus – das kann ein Modul, eine Abstraktion, eine Ebene, eine Vereinfachung oder eine Mischung aus all dem sein; den arbeiten sie genau aus und ergänzen den Rest mit Hilfe von Simulationen, Behelfskonstruktionen und/oder schierer Vorstellungskraft, so daß das Ganze getestet werden kann.[44] Hier werden Prototypen auf dieselbe Weise wie oben verwendet – Herstellen, Testen, Diskutieren, Ändern –, nur in kleinerem Maßstab: Prototypen in Klein. Auch hier sind die beiden unterschiedlichen Sichtweisen zu finden; wieder wäre es wichtig, sie zusammenzubringen.

Tatsächlich gibt es überall im Ingenieursbereich Auftragsarbeit. Man denke an Brücken oder andere große Bauwerke; keine zwei sind gleich. Überall da könnte man Prototypen im Kleinen einsetzen, um schließlich das große Werk zu bauen. Das würde sicherlich das Arbeiten und damit die Ergebnisse verbessern. Was Prototypen anbetrifft, kann ich keinen großen Unterschied zwischen Informatik und anderen Ingenieursdisziplinen feststellen.

In der *Mathematik* ist 'Gestalten mit Prototypen' ein neuer Name für eine alte Sache. Hier ist das Ergebnis ein Beweis, ein Aufsatz, ein Buch, eine Theorie. Bei Büchern und Aufsätzen ist der Einsatz von Prototypen im Großen ein geläufiges Verfahren: Wir geben Vorversionen anderen zu lesen und ändern sie auf die Kritik hin. Gestalten mit Prototypen im Kleinen ergäbe bessere Beweise und Theorien. Man greift einen Teil heraus, der für sich und für das Ganze Sinn ergibt, stellt ihn anderen dar, diskutiert, ändert, bezieht die anderen mit ein. Dieses Vorgehen habe ich ausführlich in einer Arbeit im vorhergehenden Kapitel beschrieben: »Wie sollen wir über Beweise und Programme reden?« Wieviel ergiebiger und lebendiger könnten Vorlesungen sein, wären wir nicht stets auf das makellose Endergebnis aus.

Das wissen die *Dichter*. Natürlich leben sie vom Endprodukt – oder hoffen es doch –, auf doppelte Weise: Es wird vom Verlag in vielen Exemplaren gedruckt und verkauft; und es wird von anderen Dichtern kopiert, modifiziert, weiterentwickelt. Aber für die Dichter ist das Schreiben selbst, diese schmerzliche und lohnende Tätigkeit, wichtig, sie sind die Prototyper par excellence. Dagegen haben die Kritiker nur das Endprodukt im Auge, und was daraus wird; selten – und dann mit verschämten Blick –, wie es dazu kam. Wäre es nicht fruchtbar, wenn Dichter und Kritiker sich gegenseitig ins Geschäft pfuschten, wie ich das oben für Ingenieure und Verkaufsprofis nahegelegt habe?

---

[44] Wer das genauer wissen will, sollte die grundlegende Arbeit »A Systematic Look at Prototyping« von Christiane Floyd [L5] lesen.

Genau das tut C. Day Lewis in dem Klassiker »The Poetic Image« [L7]. Er ist beides, Dichter und Kritiker. In den ersten Abschnitten des Buches malt er ein lebhaftes Bild davon, wie verloren die Dichter sind, wenn sie durch den Spiegel ins verkehrte Land der Kritik steigen; aber dann wechselt er selber hinüber und herüber und behandelt sein Thema dichterisch und kritisch – wie könnte er anders? Sein Namensvetter C. S. Lewis schlägt als »Experiment in Criticism« [L7] vor, Bücher danach zu beurteilen, wie und von wem sie gelesen werden, statt die Leser nach der Lektüre »guter« und »schlechter« Bücher zu klassifizieren. Wie wäre es, wenn statt der Kritiker (oder mit ihnen) die Dichter diese Idee übernähmen? Sie würden ausgewählte Kapitel oder vorläufige Versionen unters Volk bringen und das Geschriebene ändern, wenn sie sehen, wer es liest und auf welche Weise. Das wäre wieder eine andere Art, mit Prototypen zu gestalten.

Ameisenhaufen und Telefonnetz: groß oder klein?

In früheren Arbeiten habe ich das Konzept der kleinen Systeme eingeführt und entwickelt. Ob wir ein System für groß oder klein halten, hängt nicht nur von der äußeren Größe ab, sondern von unserem Verhalten in dem System in verschiedenen *Hinsichten*: Die Sprache, in der wir in dem und über das System reden, muß angemessen sein – nicht zu mager und nicht zu überladen mit Bedeutung oder Regeln; wir sollten uns selbst und die anderen Mitglieder des Systems nicht überbewerten oder unterschätzen; wir sollten frei, aber nicht bedenkenlos handeln. Wenn wir uns diesen Extremen offenhalten und es fertigbringen, weder an einer Außenseite noch in der goldenen Mitte klebenzubleiben, dann schaffen wir ein *kleines System*. Ich messe Systeme dabei in ihren menschlichen Dimensionen; deswegen sind nur »Soziale Systeme« im Sinne Niklas Luhmanns [L4] groß oder klein.

Ameisenhaufen und Telefonnetz sind zwei Standard-Gegenbeispiele in Diskussionen über die Nützlichkeit des Konzepts. In beiden Arten von Systemen kommen keine Menschen vor, es sind also keine sozialen Systeme, also passen meine Kategorien nicht. Richtig! »Beide Arten von Systemen sind offensichtlich groß im naiven Sinn des Wortes«, geht das Argument weiter. »Und es sind wichtige Beispiele: Vom Ameisenhaufen können wir eine Menge darüber lernen, wie große Gemeinschaften funktionieren; und das Telefonnetz ist zu wichtig für die menschliche Kommunikation geworden, als daß wir es beiseitelassen könnten.« Falsch! Die Diskussion über Prototypen hilft da weiter.

Was immer wir tun, ist sinnvoll nur, wenn wir es jemandem erklären können. Jeder redet über seine Arbeit. Ich erzähle meiner Frau zu Hause davon, diskutiere mit meinen Mitarbeitern, scherze oder seufze gegenüber meiner Sekretärin, versuche es den Studenten beizubringen. Ein Job kann noch so geheim oder schrecklich oder langweilig sein, darüber sprechen muß ich, wenigstens zu meinem besten Freund. (Daher bleiben Geheimnisse so selten geheim. Davon leben die Krimischreiber.) Worüber ich nicht reden kann, ergibt keinen Sinn; und was keinen Sinn ergibt, kann ich nicht tun. Nichts ergibt Sinn für eine Ameise, soweit wir wissen; denn sie hat keine Wahl. »Die Ros' ist ohn' warum. Sie blühet, weil sie blühet.« Aus diesem Grund ist die Ameisenhaufenanalogie nicht nur nicht hilfreich, sondern höchst irreführend, wenn man damit Gemeinschaften planen oder menschliche Kommunikation erklären will. »Gödel, Escher, Bach« von Douglas Hofstadter [L5] ist ein gutes Beispiel. Ich mag das Buch; der erste Teil stellt eine höchst anregende Einführung ins formale Denken dar. Im zweiten Teil zielt der Autor von der erreichten Plattform auf menschliche Intelligenz ab – und verfehlt sie, weil es 'Sinn' bei ihm nicht gibt und daher seine Untersuchung keinen Sinn ergibt. Sie führt nirgendswo hin, verläuft sich im Sande. Wir können die Regeln erforschen, nach denen ein Ameisenhaufen aufgebaut ist und funktioniert, und können uns daran begeistern. Trotzdem ist ein Ameisenhaufen weder groß noch klein, sondern bloß ein großer Haufen Ameisen.

Wie steht es mit dem Telefonnetz? Es ist wichtig für die menschliche Kommunikation geworden, das stimmt. Für manche ist das Telefon die einzige Verbindung zu ihren Freunden. Es kann aber auch unsere seelische und körperliche Gesundheit gefährden: Es hält uns davon ab, uns zum Reden auf die Beine zu machen oder einen Brief zu schreiben, der tiefer ginge, oder nachzudenken statt nachzufragen. Denken Informatiker über so etwas nach, wenn sie ein computergesteuertes Telefonnetz entwerfen? Sicher nicht, wenn sie nur auf das technische System schauen. Die potentiellen Benutzer in die Betrachtung miteinzubeziehen, würde nichts helfen. So ein System schlösse praktisch jeden ein, man könnte nicht sinnvoll darüber nachdenken. Ein System in Luhmanns Sinn hat wohldefinierte Grenzen, die System und Umwelt trennen, es hat Mitglieder drinnen und fremde Systeme draußen, dazwischen bestehen mancherlei Beziehungen. Die Welt ist kein System.

Wie können wir also bei einem Telefonnetz Prototypen verwenden? Überhaupt nicht, wenn wir nicht wissen, wer es benutzen wird. Aber wieso wissen wir das nicht? Wieso können nicht die Mitglieder einer Gemeinde, einer Universität, einer Firma ein Telefonnetz entwerfen und installieren, wie sie es wünschen? Mit der heutigen Computertechnik sollte man in der Lage sein, so ein lokales Netz mit einem Minimum von Anforderungen an andere Netze anzubinden. Stattdessen entwirft man Telefonnetze weltumspannend, oder zumindest europaweit. Die Entwicklung »kleiner« Telefonsysteme wäre eine wirklich nützliche Computeranwendung. Stattdessen benutzen wir die Ingenieurmethoden des 19. Jahrhunderts und die Weltanschauung des 17., um die Welt zu standardisieren, und unser Leben gleich mit. Wir entwerfen Netze, über die wir nicht sinnvoll reden können – und über die wir nichts Sinnvolles miteinander zu reden haben, wie Henry David Thoreau aus »Walden« [L1] zu zitieren nicht versäumen würde einzuflechten –, und versklaven uns dabei. Bernhelm Boos-Bavnbek und Glen Pate konstatieren das in ihrer Arbeit [L5]: In unserer wissenschaftlich orientierten Welt wird einem die Kompetenz abgesprochen, wenn man technische Entwicklungen aus menschlichen Gründen kritisiert; aber jeder darf technische Systeme produzieren, ohne einen Gedanken an die Folgen zu verschwenden.

Ein soziales System ist definiert als eins, in dem wir kommunizieren; oder, wie Niklas Luhmann sagen würde, ein soziales System besteht aus Kommunikationen. Wir kommunizieren nur, wenn das, was wir sagen, für beide Partner Sinn ergibt, behaupte ich in der Arbeit »Wie sollen wir über Beweise und Programme reden?« Das zeigt, wie wichtig die Diskussionsphase beim Gestalten mit Prototypen ist. Mit anderen reden über das, was wir tun, zwingt uns, nach dem Sinn in der Sache zu suchen. Gestalten mit Prototypen hilft, die Systeme klein zu halten.

Systeme zeitlich, nicht räumlich messen

Ein soziales System besteht aus Verständigungen. Alle Interaktionen werden als Verständigungen aufgefaßt, oder genauer, als nicht notwendigerweise bewußte Versuche, die Verständigung voranzubringen oder einzuschränken. Ein Partner sucht sich aus, was er sagen will und wem. Der andere Partner sucht sich aus, was er daraus machen und wie er reagieren will. Verständigung ist daher räumlich symmetrisch und wird in allen technischen Modellen so aufgefaßt (»Austausch von Information«), ist aber zeitlich asymmetrisch. Der erste Partner hat einen Prozeß erlebt, über den er sich mit dem zweiten verständigen will; der dabei induzierte Prozeß ist ähnlich, aber zeitlich später und damit ein anderer.

Die Verständigungsvorgänge in einem Gespräch bilden eine Kette, einer führt den nächsten herbei, ping-pong, wie im Tischtennis. Sie hängen aber weder von selbst noch zufällig zusammen, sondern durch die Gesprächspartner. Eine Aussage ergibt Sinn, sagt Niklas Luhmann im Anfang von Kap. 2 seines Buches »Soziale Systeme« [L4], wenn sie eine Vielfalt möglicher Antworten eröffnet. Ich füge hinzu: Aber nicht zu viele, und auch nicht zu wenige; sonst können wir nicht sinnvoll genug aussuchen. In einem kleinen System ist die Vielfalt gerade richtig, die Situation nicht zu komplex, nicht zu einfach. Wir wissen weiterzureden, ohne Anstrengung oder Angst.

Das machen wir möglich, wenn wir uns in jeder Hinsicht »klein« verhalten. Nicht nur daß wir keine Mittel verwenden, die wir nicht einfach handhaben können, und keiner Regel zu strikt oder zu sorglos folgen. Wir müssen auch persönlich offen sein, weder knechtisch noch herrlich noch dämlich, weder zu hochgestochen noch zu tiefgestapelt, nicht immer so angespannt oder abgespannt. Schließlich muß unsere Sprache stimmen, reich genug, aber nicht überladen, genau genug, aber nicht überformal.

Daher messe ich die Größe von Systemen zeitlich, nicht räumlich: Ein System ist klein, wenn wir immer wissen, was wir als nächstes tun sollen. Wie in einem guten Gespräch folgen wir einem Thema, das die Verbindungen herstellt. Das meint Gregory Bateson in »Ökologie des Geistes« und »Geist und Natur« [L2] mit seiner kompakten Definition: » Information ist ein Muster, das Verbindungen herstellt.« Wenn das System zu groß oder zu klein wird, führen unsere Sätze nirgendswohin oder überallhin, geben also keine Information. Wahrscheinlich meint Gordon Pask etwas Ähnliches mit seiner Konversationstheorie[45]. Wenn er nur eine weniger formale Sprache verwendete; dann könnte ich ihn besser verstehen.

Die Rolle der Leidenschaften in der Informatik

Die Sprache ist also nur einer der drei Pfosten, über die das Zelt der Informatik gespannt ist. Die materiale Auflage (Dinge und Regeln, zum Beispiel Maschinen) und die menschliche Verankerung (Werte und Wille und Gefühle) sind ebenso wichtig. Den Formalisten ist nur die Sprache wichtig, den Maschinennarren die Dingwelt, den Softis die menschliche Sphäre. Alle denken, sie könnten das Übrige auf ihre Weise in den Griff kriegen und brauchten sich deswegen überhaupt nicht damit zu befassen. Die Formalisten beschreiben daher die Informatik als eine Hierarchie von Programmiersprachen – vom Maschinencode bis zu natürlichsprachlichen Äußerungen –, die Maschinisten sehen eine Folge von Computergenerationen – von der Zahlenmühle bis zur künstlichen Intelligenz –, die Humanisten bejammern die immer umfassenderen Techniken, Menschen zu beherrschen – von Ballistik- und Logistikberechnungen hin zur Computerregierung. Tatsächlich geht in der Informatik dasselbe vor sich wie in allen Wissenschaften: Wir überschlagen uns im Bestreben, die Welt in den Griff zu kriegen,

---

45 »The Limits of Togetherness« [L4].

statt uns zu bemühen, unsere Umgebung verstehbar zu machen. Wir schätzen Formen und mißachten Prozesse, wir greifen in den Raum und unterdrücken die Zeit, wir erhöhen die Komplexität statt sie zu verringern. Wenn wir überhaupt über Werte reden, gehen wir davon aus, daß man Ethik von Gefühl trennen könne, und beides von Technik und Rationalität.

Wahrheit muß man »von den Leidenschaften lebendig mitten ins Herz tragen lassen«, sagt der Dichter Wordsworth. Das habe ich von dem Kritiker C. Day Lewis, der in seinem Buch »The Poetic Image« [L7] schreibt: »Poetische Wahrheit empfängt man als Ausfluß und Krönung poetischen Vergnügens.« Das kann uns als eine poetische Aussage über eine Angelegenheit der Poesie kalt lassen. Oder wären wir willens, Wordsworth ernst zu nehmen und bei Lewis beidemal das Adjektiv 'poetisch' zu streichen? In den »Ungelogenen unlogischen Geschichten« gehe ich der Frage nach, warum es ein Verb 'lügen' gibt, aber kein einfaches Verb für 'die Wahrheit sagen'. Eine mögliche Antwort ist: Die Wahrheit sagen ändert, im Gegensatz zu lügen, die Welt nicht, macht daher nicht viel Spaß. Aber zur Wahrheit durchzudringen, das würden selbst Mathematiker zugeben, erfordert leidenschaftlichen Einsatz und bringt reines Vergnügen. Wie können wir so sträflich vernachlässigen, was wir tun und wie wir es tun, und nur auf die Ergebnisse starren?

Frage: Was verursacht den Wind?
Warum fühle ich mich bewegt
vom Wind?

Antwort: Bäume
fachen den Wind an, wenn sie schwanken.
Büsche helfen.
Dein Herz tut den Rest.

Annie Dillard, aus »Tickets for a Prayer Wheel« [L7]

Schon die zweifache Frage zu Anfang enthält eine Wahrheit. Annie Dillard ist Dichterin und Kritikerin zugleich.

Theorien aufbauen heißt gestalten mit Prototypen

Für einen Formalisten ist eine Theorie eine Behausung, in der Wahrheit wohnt – Wahrheit über ein bestimmtes Sachgebiet. Um bewohnbar zu sein, muß eine Behausung fertig sein. Um wahr oder falsch sein zu können, müssen Aussagen bewiesen oder widerlegt sein. Eine Theorie ist daher eine Menge von Aussagen – auf sauberen Definitionen ruhend, wohl strukturiert, so daß die Wahrheit ins

Auge springt, mit Erläuterungen geschmückt. Falsch, sagt Peter Naur in seiner Arbeit »Programming as Theory Building« [L5]: Eine Theorie – für die Griechen »eine Weise zu sehen« – kann nicht tote Materie sein. Eine Theorie wohnt in den Menschen, die sie aufbauen; sie besteht aus ihren Fähigkeiten und Gewohnheiten, ihren Einsichten und Ideen, ihren Träumen und Ängsten. Auf das Aufbauen kommt es an, das fertige Produkt ist nichts als der Trittstein für den nächsten Schritt.

Wie geben wir dann eine Theorie weiter? Früher war persönliche Kommunikation der einzige Weg, aber schon lange müssen wir unsere Theorien niederschreiben; wir lassen sie tippen, drucken, eintüten, ab mit der Post! Wir verfassen Bücher, verkaufen Software, halten große Vorlesungen.

Mein Vorschlag ist, Gestalten mit Prototypen als das Aufbauen von Theorie zu verstehen. Theoriebildung ist ein Prozeß wie jede Bildung; eine Theorie muß lebendig sein, wenn sie nicht modern soll. Aber der Prozeß muß Formen liefern, die vermittelbar sind, sichtliche Zeugnisse, die in anderen und uns selbst neue Einsichten auslösen können. Für eine lebendige Theorie brauchen wir Phantasie – »eine Weise zu zeigen«. Theorie besteht weder aus geschriebenen Ergebnissen noch aus nichtformalisierbaren Erfahrungen, weder aus Prozeß noch aus Form, sondern aus dem Zusammenspiel beider. Gestalten mit Prototypen scheint ein gangbarer Weg, die Balance zu bewahren. 'Protos' heißt im Griechischen sowohl 'erster' wie 'bester'. Ein Prototyp sollte beides sein, ein erster Versuch und das Beste, was wir gerade erreichen können – nicht bloß das erste Beste. Durch Gestalten mit Prototypen halten wir unser System klein, nicht räumlich, sondern zeitlich: Wir gehen vor wie im Gespräch versunken, in kleinen sinnvollen Schritten.

Schluß

Ich bin weder Dichter noch Ingenieur, sondern ein Mathematiker, der in der Theoretischen Informatik arbeitet. Wir Mathematiker würden gewinnen, wenn wir von den Dichtern und von den Ingenieuren abguckten. Ich habe oben gesagt, daß wir das Gestalten mit Prototypen im Kleinen von den Informatikern lernen könnten. Von den Dichtern könnten wir lernen, daß der Prozeß wichtig ist, das Schreiben und nicht das geschriebene Papier. Wenn wir uns Theorien ausdenken und sie dann niederschreiben, ist das Schreiben langwierig und schmerzlich und das Geschriebene oft trocken und schwer verdaulich. Wenn wir beim Denken schreiben – das heißt nicht schreiben statt zu denken! –, dann macht das Schreiben Spaß, wir lernen dabei, und auch die Leser haben es später besser. 'Frei

Schreiben' heißt das Zauberwort, daß ich auf einem Workshop »Lernen durch Schreiben« des Bard Institute for Writing and Thinking im Februar 1989 am Hollins College in Virginia lernte. Dazu gibt es Bücher: »The Role of Writing in Learning Mathematics and Sciences« herausgegeben von Paul Connolly und Teresa Vilardi, »Writing in the Arts and Sciences« von Elaine Maimon und anderen, »Writing to Learn« von William Zinsser [alle in L7].

Unser Geschreibe sollte nicht aus ersten und zweiten und dritten Entwürfen bestehen, die für den Papierkorb bestimmt sind, sondern aus Prototypen. Unsinn, immer noch daneben! Unser Schreiben sollte Gestalten mit Prototypen sein.

Wende zur Phantasie
Zur Theoriebildung in der Informatik

> Und siehe da, wenn ich mit meiner Schwester davon rede, welche hinter mir sitzt, und arbeitet, so erfahre ich, was ich durch ein vielleicht stundenlanges Brüten nicht heraus gebracht haben würde.
>
> Heinrich von Kleist, »Über die allmähliche Verfertigung der Gedanken beim Reden.«

Theorie gilt als abgehoben, starr, bestenfalls nutzlos. Ist sie vielfach auch; wir verlieren leicht die Verbindung zwischen Theorie und Praxis. Tatsächlich kann Theorie lebendig sein: Theorie, die wir beim Reden und Arbeiten allmählich verfertigen, kann als Grundlage weiterer Arbeit und Auseinandersetzungen dienen und sich so entwickeln. Sie kann eine Theorie der Praxis sein. Für eine solche Theorie brauchen wir Phantasie; eine solche Theorie beflügelt unsere Phantasie.

Wozu taugen Theorien?

Praktische Leute nennen Theorien unpraktisch; oder irreal. »Theoretisch könnte ich die Zugspitze im Winter besteigen.« Wenn ich das so sage, gebe ich zu, daß ich es in Wirklichkeit nicht kann. Aber warum sage ich es dann? Wozu taugen Theorien?

Wenn es mir ernst war mit meiner Aussage, ich nicht betrunken, werden mich meine Freunde bedrängen: Glaubst Du wirklich, daß Du das kannst? Warum gerade die Zugspitze? Ich muß Gründe präsentieren, die Route beschreiben, meine Ausrüstung deklarieren, einen Zeitplan angeben. Vielleicht müßte ich die Distanzen nennen, die ich mir zutraue, über meine Klettererfahrungen reden und über Bergsteigen im allgemeinen. Ich müßte den Berg theoretisch besteigen.

Dieses theoretische Abenteuer könnte die unterschiedlichsten Folgen haben. Es könnte sein, daß ich tatsächlich die Zugspitze im Winter erklettere, oder es zumindest versuche. Vielleicht lachen meine Freunde so gewaltig über mich, daß ich nicht dagegenhalten kann und das Thema wechsele. Oder meine Reden überzeugen sie, und ich gelte in Zukunft als der Bergsteiger unter ihnen. Oder sie überzeugen mich vom Gegenteil.

Theorien dienen der Motivation. Wir erzählen anderen oder uns selbst, wie man eine Aufgabe angeht oder warum man es besser bleiben läßt oder die Aufgabe ändert. Mit Hilfe von Theorien vermeiden wir hoffnungslose Situationen und spähen die erfreulichen von weitem aus.

Theorien sind der Nährboden für unsere Phantasie. Unseren Wunschbildern geben sie Saft und Kraft und schützen uns vor Phantastereien. Und wie jeder gute Boden wandeln sie sich im Gebrauch. Wir bauen sie auf, sie dienen als Fundament; dann zerfallen sie und bieten Nahrung für Neues.

Was sind Theorien?

Sonst versteht man Theorien anders: Eine Theorie ist ein integriertes System von Erklärungen und Begründungen. In Theorien geht es um Tatsachen und Methoden; daher definieren Logiker eine Theorie als eine Menge wahrer Sätze, und Ingenieure bezeichnen eine Sammlung von Regeln als Theorie. Eine Theorie ist aber mehr als eine Anhäufung von Wissen. Sätze werden nur durch Beweise wahr, und Methoden akzeptieren wir, wenn wir sie verstehen. Erst dieses geistige Kletternetz macht bloßes Wissen zur Theorie; so steht es schon bei Kant, bei Aristoteles.

Der Theoretiker spinnt an einem Netz, das ihm die Welt verständlich macht, oder doch sein Fach oder zumindest sein Spezialgebiet. Für ihn ist theoretische Arbeit daher von höchster Wichtigkeit. Woher kommt es, daß Nicht-Theoretiker mit Theorie oft so wenig anfangen können? Sie bewundern oder verachten sie, oder sie ist ihnen egal; in jedem Fall ist die Theorie zu weit weg, um ihnen zu helfen, die Welt zu verstehen. Der Theoretiker spinnt, denken sie.

Betrachten wir die Informatik. Die Tatsachen, um die es geht, sind Eigenschaften von Rechnern und Programmen, allgemeiner von rechnergestützten Systemen, das heißt von sozialen Zusammenhängen, die sich durch Rechnereinsatz verändern. Nach Methoden sucht man, mit denen man Rechner, Programme, Systeme erstellen kann, die erwünschte Eigenschaften haben, unerwünschte nicht. Rechner sind Maschinen, unterliegen also festen Gesetzen und müssen daher in Beachtung strikter Regeln bedient werden. Programme sind damit ebenso formale Objekte und müssen dementsprechend behandelt werden. Theoretische Informatik ist daher Mathematik. (Diskrete Mathematik; denn heutige Rechner sind digital, nicht analog, und gehen in diskreten Schritten vor. Die kontinuierliche Mathematik der Ingenieure braucht man für die Beschäftigung mit der Hardware und dann wieder für Anwendungen.)

Mathematik ist eine Theorie wie oben beschrieben, aber rein formal. In der Theoretischen Informatik arbeitet man mit mathematischen Begriffen, mit denen man Eigenschaften von Rechnern und Programmen wie zum Beispiel Zeit- und Platzbedarf analysieren kann. Oder man filtert aus konstruktiven Beweisen Methoden heraus, mit denen man solche Eigenschaften sicherzustellen hofft.

Ist Ihnen aufgefallen, daß die rechnergestützten Systeme dabei verschwunden sind? Es gibt keine Mathematik der Arbeitsorganisation, keine formale Theorie des Verstehens oder Mögens. Die Theoretische Informatik liefert daher bestenfalls eine Theorie der Rechner und Programme, nicht des Rechnens und Programmierens, des Arbeitens und Spielens mit, unter und trotz des Rechners. Theoretische Informatik liefert keine Theorie der Informatik, schreibt auch Wolfgang Coy.

Er hat im Dezember 1988 einen Arbeitskreis »Theorie der Informatik« im Fachbereich Informatik und Gesellschaft der Gesellschaft für Informatik gegründet, dessen Mitglieder der Frage nachgehen: Wie könnte denn eine Theorie der Informatik aussehen? In seinem Grundsatzpapier [L5] stellt er rhetorisch die Frage »Brauchen wir eine Theorie der Informatik?« und beschreibt als Antwort das weite Spektrum, auf das sich eine solche Theorie beziehen müßte. Aus dem Arbeitskreis stammt mein Thema.

Wir suchen eine Theorie, die uns hilft, mit der Informatik umzugehen, statt zu sagen, was Informatik ist. Also sollten wir nicht fragen, was eine solche Theorie ist, sondern wie wir damit umgehen.

Wie Theorien anwenden?

Woher kommt die sonderbare Kluft zwischen Theorie und Programmierung, zwischen Theoretikern und Software-Erstellern? Das eigentliche Problem ist, sagt der Software-Ingenieur, anderen verständlich zu machen, was ich mit einem Programm meine; formale Methoden helfen dabei nur begrenzt. Was den Benutzer betrifft, ist das ein alter Hut. Die Kunden, die ein Software-Produkt kaufen wollen, müssen genau instruiert werden, wie es zu benutzen ist. Das Programm selbst verstehen sie in der Regel nicht, eine formale Beschreibung hilft ihnen nicht und eine informale Beschreibung ist ungenau, irreführend oder schlicht nicht zu haben, da die Programmierer sich nicht informal ausdrücken können.

Jüngeren Datums ist die Einsicht, daß die Programmierer nicht viel besser dran sind als die Benutzer. Was Programmierer über ihre Programme wissen, sagt Peter Naur in seiner Arbeit »Programming as Theory Building« [L5], kann man weder aus den Programmen noch aus den Dokumentationen ersehen; denn es steckt nicht da drin. Ein Software-Paket ohne die Menschen, die es konstruiert haben, ist tot. Man kann es nicht wiederbeleben, um es zu ändern oder in veränderten Umständen zu benutzen.

Ich behaupte: Das gilt nicht nur für Programme, die von anderen geschrieben wurden, sondern ebenso für meine eigenen formalen Ergüsse. Es ist leichter, ein Programm oder einen Beweis neu zu schreiben als einen alten zu erwecken. Das liegt nicht nur daran, daß formale Ausdrücke schwer verständlich und informale ungenau sind. Der Hauptgrund ist: Ich habe mich verändert – schon damals durchs Schreiben –, das Programm nicht. Wir passen nicht mehr zusammen.

Diese Aussage scheint gegen Theorie überhaupt gerichtet zu sein. Denn natürlich ändert sich ein Lebewesen dauernd; das ist fast die Definition von 'lebendig'. Aber – und das ist die andere Hälfte der Definition – : die Änderungen sind keine Brüche (wenn auch manchmal wilde Sprünge). Alle Änderungen geschehen auf dem Hintergrund einer Umgebung und Geschichte, sie stoßen einem Körper und einer Persönlichkeit zu, deren Wissen dadurch um eine neue Lage bereichert wird. Gregory Bateson gebraucht in seinen Büchern »Ökologie des Geistes« und »Geist und Natur« [L2] das eindrückliche Bild einer Zickzackbewegung zwischen

Form und Prozeß. Prozesse laufen in vorgegeben Formen ab und schaffen so neue Formen. Das Bild ist unvollständig: Es zeigt nicht, wie Zick und Zack verknüpft sind. Daher sind wir oben auf das Problem gestoßen: Wenn ich mich ändere und neue Einsichten gewinne, wie passen sie zu den alten? Wie bringen Formen Prozesse in Gang und wie bewirken Prozesse neue Formen? Verstehen wir Theorie als Form und Praxis als Prozeß, haben wir die Frage dieses Abschnitts nicht beantwortet, sondern verdoppelt: Wie helfen uns Theorien in der Praxis weiter, und wie verhilft uns die Praxis zu neuen Theorien?

Reden und Zuhören

In meiner Arbeit »Beziehungskiste Mensch – Maschine« schreibe ich über das Problem des Zuhörens. Wenn Sie sprechen und ich zuhöre, scheine ich immer auf dem Sprung, Sie zu unterbrechen. Tatsächlich werfe ich dauernd – wenn schon nicht wirkliche Aussagen – Ausrufe, Bewegungen, Gesten, Blicke ein. Damit will ich Sie nicht unterbrechen oder stören; ganz im Gegenteil, ich zeige, daß ich zuhöre, und ermuntere Sie so, weiterzureden. Wenn ich mich nicht rührte, wüßten Sie nicht, ob ich zuhöre, und das würde Sie wirklich zum Schweigen bringen. In der Tat nehme ich, wenn ich zuhöre, nicht einfach in mich auf, was Sie sagen. Sondern ich bilde es nach, indem ich es in meine Sprache übersetze. Anders könnte ich Sie gar nicht verstehen. Deswegen rede ich, während Sie reden – leise, ohne es zu merken. Eine Unterhaltung läuft wie ein doppelter Fluß in zwei Betten, einer rauschend, der andere still. Die Flüsse vermischen sich, sie wechseln die Rollen; aber es sind immer zwei.

Wenn in einer Unterhaltung beide Partner ständig reden, sollten auch beide ständig zuhören. Daß der Sprecher auf die versteckten Reaktionen des Zuhörers achtet, habe ich schon erwähnt. Aber der Einfluß ist tiefer: Erst beim Reden, angetrieben vom Zuhören des anderen, bringt der Sprecher das zustande, was er sagt. Durch einen zufälligen Hinweis (Danke, Schwägerin!) habe ich die Beobachtung, während ich diese Arbeit schrieb, in Heinrich von Kleists wunderschönem kleinen Aufsatz »Über die allmähliche Verfertigung der Gedanken beim Reden« [L7] wiedergefunden. »Wenn du etwas wissen willst und es durch Meditation nicht finden kannst, so rate ich dir, mein lieber, sinnreicher Freund, mit dem nächsten Bekannten, der dir aufstößt, darüber zu sprechen. Es braucht nicht eben ein scharfdenkender Kopf zu sein, auch meine ich es nicht so, als ob du ihn darum befragen solltest: nein! Vielmehr sollst du es ihm selber allererst erzählen.« So beginnt Kleist, und dann erzählt er, wie er zu seiner Schwester über mathematische oder juristische Probleme redet, von denen sie keine Ahnung hat, und wie er durch ihr Zuhören Lösungen findet.

Wir kennen dieses Phänomen; manchmal nutzen wir es bewußt aus. Ich behaupte, daß es viel allgemeiner ist. Nicht nur, wenn wir mit Problemen ringen, nach neuen Erkenntnisses suchen, nein! Nie wissen wir, wenn wir reden, genau, was wir sagen wollen. Wissen ist nicht in unseren Köpfen wie in Schatztruhen gespeichert. (So offensichtlich ist diese Metapher falsch! Wir gewinnen ja beim Reden, geben nichts weg.) Sondern wir bilden jedes Mal neu, was wir sagen wollen, und jedes Mal lernen wir etwas dabei. Hören Sie Kleist in demselben Aufsatz: »Es liegt ein sonderbarer Quell der Begeisterung für denjenigen, der spricht, in einem menschlichen Antlitz, das ihm gegenübersteht; und ein Blick, der uns einen halbausgedrückten Gedanken schon als begriffen ankündigt, schenkt uns oft den Ausdruck für die ganze andere Hälfte desselben.«

Ich kann nicht zweimal dasselbe sagen, nicht zweimal denselben Vortrag, dieselbe Vorlesung halten. Tue ich es doch, lese ich vom Manuskript ab; dabei sind die Aussichten für die Zuhörer, etwas zu lernen, geringer, weil es ihnen schwerer fällt, zuzuhören. Altbekanntes sagen erfordert feste Formen: Märchen, Gedichte, Litaneien, Liturgien. In festen Formen reden erzeugt Vertrauen, nicht Wissen. Beim Lehren dagegen lernt der Schüler nur, wenn auch der Lehrer lernt. So zwingt der Schüler den Lehrer zum Lernen, indem er ihn zum Formulieren zwingt.

Das ist die wahre Bedeutung des Zickzack-Bildes von Bateson: nicht ein Abwechseln zwischen Form und Prozeß, sondern ein ständiges Zusammenspiel. Kommunikation und Lernen gehen stetig vor sich, nicht in Häppchen. Sprecher und Hörer geben und nehmen gleichzeitig, wenn auch mit wechselnden Rollen. Die Prozesse bleiben in Gang, weil von beiden Seiten ständig neue Formen hineingebracht und herausgetragen werden.

In seinem Buch über »Soziale Systeme« [L4] definiert Niklas Luhmann daher ein Kommunikationssystem nicht als eine Gruppe von Menschen, die kommunizieren, sondern als eine Folge von Kommunikationen, die aufeinander aufbauen. Die beteiligten Menschen treten nur durch ihre Rollen im Gespräch als Sprecher und Hörer in Erscheinung, sind nur so bemerkbar, wandeln sich so. Ein Kommunikationssystem ist daher »unruhig«. Es vibriert, nicht nur vom Fluß der Gedanken, sondern von den dadurch hervorgerufenen Veränderungen.

Theorien müssen allgemein sein

Was lernen wir daraus über Theorien? Die Theorie, die in einem Gespräch entsteht, verstehen wir jetzt als das feinverschlungene Gewebe von Einsichten, die wir beim Reden und Hören gewinnen. Wir legen Schicht auf Schicht, jede Äußerung und jede Erkenntnis ruht auf denen der früheren Runden, ändert sie, sprengt sie vielleicht. Aber mit diesem Bild lösen wir unser Problem nicht. Gespräche sind individuell. Theorien sollen für andere gelten, für alle oder doch für viele; wir wollen sie ja weitergeben. Eine Theorie der Informatik soll helfen, mit Rechnern umzugehen, auch im Winter. Dafür brauchen wir die Erfahrung aller, die mit Informatik aktiv oder passiv zu tun haben. Seit Menschen schreiben können, werden Theorien aufgeschrieben und in die Kette weiterzugebenden Wissens eingereiht. Theorien müssen allgemeinverständlich, allgemein verbindlich, allgemein sein.

Der Architekt und Städteplaner Christopher Alexander schreibt in seinen »Notes on the Synthesis of Form« [L4] über die historische Entwicklung des Lernens. Früher wurden die Lehrlinge dadurch ausgebildet, daß sie in der Werkstatt mitarbeiteten. Sie lernten, was zu machen und was machbar, was schön und was schicklich war, indem sie mit den Augen und Händen den anderen Arbeitern folgten. Auch die Meister müssen so Neues gelernt haben: von den Kollegen bei der Arbeit und den Produkten abgucken. So entwickelten sich Schulen und regionale Trends, die sich gegenseitig beeinflußten.

Heutzutage sind Lernen und Arbeiten getrennt. Wir müssen formulieren, was wir wissen (oder auch, was wir nicht wissen), wenn wir es weitergeben wollen. Und – setze ich hinzu – zumindest für Schüler und Kollegen müssen wir das zu Vermittelnde durch Erklärungen und Begründungen untermauern. Da die Schüler Erfolg oder Mißerfolg nicht gleich beim Unterrichten sehen, müssen wir ihnen theoretisch klarmachen, was sie eigentlich tun sollen. Ähnlich mit den Kollegen; nur können wir uns da kürzer fassen. Bloß die Kunden wollen meine Theorie nicht; die wollen genaue Beschreibungen.

So ist Wissenschaft entstanden: Wir wollen anderen erklären, was sie mit welchem Vorgehen erreichen, wollen sie ihr Tun verstehen machen. Wissenschaftlich arbeiten heißt Theorien bilden. Das macht die Diskussion über Theorie noch schwieriger: In der Wissenschaft ist jeder Theoretiker und Praktiker, jeder entwickelt Theorien für die einen und verwendet Theorien von den anderen. Insbesondere ist der Theoretische Informatiker Theoretiker nur in den Augen seiner Kollegen, in den Nasen der Mathematiker Praktiker.

Natürlich beschreibt Alexander nur eine Entwicklungslinie. Vieles andere hat sich über die Jahrhunderte gewandelt: Die meisten Probleme sind jetzt viel zu kompliziert, um sich ohne weiteres direkt mit ihnen zu beschäftigen; die Aufgaben sind zu schwierig, als daß Einzelne sie durch Hinsehen beherrschen lernen könnten; wir sind so ans Erklären gewöhnt, daß wir oft an Erklärungen als solchen interessiert sind – das ist naturwissenschaftliches Denken. Alle diese Entwicklungen tragen zu der Kluft zwischen Theorie und Praxis bei. Damit sind wir an der Wurzel unseres Problems: Wie können wir Theorien aufbauen, die als Grundlage für praktisches Arbeiten dienen? Theorien, die sich ändern, während wir sie benutzen, so wie wir uns selber ändern.

Theorien sind lebendig

Imre Lakatos beschreibt solche Theorien in seinem Buch über »Beweise und Widerlegungen« [L5]. Eine Schulklasse erarbeitet sich einen Beweis für den alten Satz von Euler über dreidimensionale Polyeder: die Zahl der Kanten ist gleich der Zahl der Ecken plus der Zahl der Flächen minus 2. (Stimmt's? Fangen Sie mit Würfel und dreiseitiger Pyramide an; so machen es die Schüler auch.) Jedesmal wenn sie meinen, den Beweis zu haben, kommt einer mit einem Gegenbeispiel – einem Monster –, und sie müssen den Beweis oder die Definitionen oder beides ändern. So bauen sie eine Theorie der Polyeder im Dialog auf. Das ganze Buch ist als Dialog zwischen den Schülern geschrieben; manchmal greift der Lehrer ein. Wie paßt diese Ansicht von Theorie zum bisher Gesagten?

Theorien sind stabil: Wir empfinden Formen als starr, relativ zu den beweglichen Prozessen. So erscheint uns das Innere eines Flugzeugs als unbeweglich, solange es stetig fliegt; wir schreiben, essen, gehen wie im Zimmer. Wir wissen, daß es fliegt, schnell fliegt, freuen uns aufs Ankommen; ignorieren dieses Wissen aber, sonst könnten wir nichts tun. Genauso verlassen wir uns darauf, daß Theorien sich nicht ändern.

Theorien müssen stabil sein, während wir sie benutzen: Wenn wir irgendetwas bewegen wollen, brauchen wir festen Grund. Deswegen gehen wir davon aus, daß unsere Theorien sich nicht ändern, während wir sie benutzen. Wie könnten wir etwas erklären, wenn sich die Gründe, die wir geben, unter unseren Händen winden oder nur verformen? Wie könnten wir je ein Buch schreiben, wenn das Gebiet sich beim Schreiben entwickelt?

Theorien ändern sich, während wir sie weitergeben: Theorien entwickeln und Theorien weitergeben sind ähnliche Prozesse. Das ist das, was Kleist über Gespräche sagte: Wir entwickeln Gedanken, während wir sie formulieren. So entwickeln wir Theorien, während wir sie formulieren. Und nur, wenn wir sie formulieren. Theorien sind Wortwelten.

Theorien müssen sich ändern, während wir sie weitergeben: Wir bauen Theorien auf, um anderen etwas zu zeigen. Wir wollen ihnen erklären, was wir tun. Wir wollen unser Wissen und unsere Fähigkeiten weitergeben. Und weitergeben können wir nur in Bewegung; das haben wir oben an den Gesprächen gesehen. Lehrende und Lernende entwickeln die Theorie im Gehen neu – im Fliegen, um im Bild zu bleiben. Beide können nicht im Flug ins Flugzeug springen; sie müssen zusammen einsteigen, bevor es losgeht.

Theorien sind nicht formal: Formalismen ändern sich nicht. Daher könnten formale Theorien sich nicht entwickeln. Formalismen sind nützliche Werkzeuge für bestimmte Aufgaben. Für sich allein sind sie aber nicht zugänglich, nicht anwendbar, nicht verständlich. Formalismen erhalten ihren Sinn aus den theoretischen und praktischen Zusammenhängen, in die sie eingebettet sind. Theorien selber sind informal, formuliert in lebender Sprache. Deswegen ist die Theoretische Informatik keine Theorie.

Theorien muß man im Dialog lehren: Theorien kann man nicht als fertige Ergebnisse weitergeben. Andere können nur lernen, sie zu gebrauchen, wenn sie sie im Gebrauch kennenlernen: An Problemen arbeitend, mit Hilfe von Motivationen, Definitionen und ersten Ergebnissen, finden sie neue Definitionen und Ergebnisse. Die Probleme werden schwieriger, die Ergebnisse tiefer während der Arbeit. Experten haben und schaffen ihre eigenen Probleme. Sie müssen nur vage von einer Theorie wissen, genug um das Interesse zu wecken; wenn sie sie brauchen können, werden sie sie lernen und dabei entwickeln, sonst spornstreichs vergessen.

Theorien müssen kleine Systeme sein: Theorien existieren nicht unabhängig von Menschen. Wie Rechner und Programme, wie alle Maschinen und Menschenwerke erhalten sie ihren Sinn aus dem Gebrauch: Probleme lösen, Arbeit verrichten, spielen, Neues schaffen. Wenn wir Theorien verstehen und verwenden wollen, müssen wir auch die Umgebung sehen: Menschen. Ich nenne das die »Kleine-Systeme-Sicht«: Systeme sind nicht für sich klein oder groß, sondern abhängig von unserem Verhalten. Nehmen wir sie absolut, wachsen sie uns aus der Hand und über den Kopf; beziehen wir sie auf die Menschen, auf die wir uns über sie beziehen, bleiben sie handlich.

Charles Sanders Peirce, der etwa gleichzeitig mit Gottlob Frege die moderne formale Logik entwickelt hat, schreibt genau das über die Semiotik, deren Begründer er ist. Semiotik ist für ihn nicht die Theorie der Zeichen, sondern des

Bezeichnens; Aktion ist das Wesentliche, nicht das Ergebnis. »Grad so, wie wir sagen, daß ein Körper in Bewegung, und nicht, daß Bewegung im Körper ist, so sollten wir sagen, daß wir in Gedanken, nicht, daß Gedanken in uns sind.« Ein Zeichen ist nicht ein Ding mit Bedeutung, sondern eine Triade aus Zeichen, Objekt und Interpreten; der interpretierende menschliche Geist ist aus dieser rekursiven Definition nicht zu eliminieren. Verstehen von Realität setzt für ihn Gemeinschaft (community) voraus; in der Logik ist daher das Prinzip des Sozialen zutiefst verwurzelt.[46]

Theorie – Praxis – Phantasie

Daher ist die Theoretische Informatik so mathematisch: Die Formalismen, die ich liefere, sind allgemein verbindlich, vom einzelnen Menschen unabhängig. Sollen sie auch sein; aber entwickeln und weitergeben, also am Leben erhalten und anwenden, kann ich sie nicht, ohne konkret mit Menschen zu verhandeln. Verhandeln ist nicht rational; ich will überzeugen, andere für meine Sichtweise gewinnen. Keiner benutzt mit Gewinn, was er nicht mag; keine Arbeit gelingt, bei der man nicht auch spielen darf.

Ist das der Unterschied zwischen Maschine und Werkzeug, daß man ein Werkzeug immer zum Spielen mißbrauchen kann? Viele von uns spielen so gern mit dem Rechner, beschämt versteckt oder offen begeistert, nicht nur mit Computerspielen, sondern während der Arbeit, mit dem Arbeitsmittel. Wir überlisten die Konstrukteure, spaßen mit ihrem Ernst. Gestohlene Äpfel schmecken besser, so sauer sie sein mögen. Ist dabei der Rechner für uns ein Werkzeug? Oder gehen wir naiv der Maschine, nein ihren Promoventen auf den Leim und erliegen unserer heimlichen Sehnsucht nach Unterordnung? Natürlich kann ich mir den Rock zerreißen, wenn ich über den Zaun steige, oder der Bauer kann mir die Hosen strammziehen. Nicht nur mit dem Feuer spielen ist gefährlich. Ein Rechnersystem verliert nicht dadurch seinen Maschinencharakter, daß der Verkäufer es mir als Werkzeug anpreist. Wirklich spielen und ungefährdet arbeiten kann ich damit nur, wenn ich die Konsequenzen verstehe. Wenn ich weiß, wie ich damit umgehen muß, wie ich mich beeinflussen lasse, wie ich Situationen und Menschen damit ändern kann. Wenn ich eine Theorie des Umgangs mit dem Rechner entwickelt habe. Eine solche Theoretische Informatik wäre auch eine Theorie der rechnergestützten Systeme, nicht nur der Rechner und Programme.

---

46 »So the social principle is rooted intrinsically in logic.« Nach dem Buch »Peirce, Semeiotic, and Pragmatism«, von Max H. Fisch [L5], Kap.13, S.325-330.

Eine solche Theorie kann ich anwenden. Ob wir Mathematik unterrichten oder benutzen oder weiterentwickeln, wir kennen das Phänomen: Wer einen Formalismus mag, kann damit umgehen, lernt ihn immer besser handhaben, mag ihn immer mehr. Ebenso verstärken sich Nichtmögen und Nichtkönnen. Mögen und Können tragen sich gegenseitig und sind so, wie alle lebendigen Kategorien, selbstbezüglich. Nur so bleibt eine Theorie lebendig: Kenne ich sie zu gut, wird sie mir langweilig, ich kenne ihre Schwächen, ändere sie, baue weiter. Vergesse ich die menschliche Seite, reduziere ich Theorie auf Formalismen, töte ich die Theorie.

Um Theorie zu verstehen, darf ich nicht fragen, was Theorie sei, habe ich oben gesagt. Denn dann kriege ich die offizielle Meinung zu hören: Ein rational begründetes Geflecht von universell anwendbaren Formalismen. Toll! Aber nicht anwendbar, sagt der Praktiker: Theoretiker lösen nur ihre eigenen Probleme, entwickeln Theorie aus Theorie. Toll, aber unverständlich, sagt der Laie: Theoretiker leben in ihrer eigenen Welt, umzäunt von Fachausdrücken. Toll, aber unfruchtbar, sagt der Humanist: Theorien sind tote Gespinste, mit denen man alles Leben erstickt. Toll, aber verantwortungslos, sagt der Nachbar: Theoretiker denken nicht nach über das, was man mit ihren Theorien anfängt. Toll, aber gelogen, sagt der Theoriekritiker: Theoretiker entwickeln ihre Theorien, um anderen ihre Sichtweise aufzuzwingen, um Macht auszuüben; die Begründungen schieben sie nach. Toll, sagt der Theorie-Bewunderer: Nichts ist so klar und sauber wie eine Theorie. Und verbaut sich mit dieser unkritischen Haltung genauso wie alle Kritiker den Zugang zur Theorie, kann nichts mit ihr anfangen.

Keine der extremen Antworten trifft als einzelne zu. Aber zusammen charakterisieren wir damit den realen Wissenschaftsbetrieb ganz gut. Und blockieren uns gegenseitig. Können wir diese Kategorien der Theorie, der Praxis, der Kultur, der Ethik nicht aussöhnen und so füreinander fruchtbar machen? Ein eingefleischter Theoretiker kann heutzutage nicht gleichzeitig Praktiker sein, ein Laie nicht Wissenschaftler; sie können höchstens umsteigen, mit allen Eigenheiten des Konvertiten. Wir können deswegen die Kategorien nicht aufgeben; wir können aber beachten, daß es keine kategorischen Unterschiede zwischen ihnen gibt, daß es eher verschiedene Sichtweisen sind, die verschiedene Zugänge mit sich bringen. Wir tun das, wenn wir die Sichtweisen durch die Frage verknüpfen, wie sie sich gegenseitig beeinflussen. Wie kommunizieren wir untereinander und mit uns selbst darüber? Das ergibt folgendes Bild:

Andere Gruppierungen sind denkbar, je nach Fragestellung und Weltsicht. Man kann Theorie und Kommunikation zusammenfassen, da – wie wir gesehen haben – Theorien zum Weitergeben von Fertigkeiten gemacht werden und Aufbauen von Theorien Kommunikation erfordert. Und man kann Kultur und Ethik als Einheit behandeln, als das der Rationalität Entzogene, das in der Wissenschaft keine Rolle spielt, als den Bereich des Wollens und der Werte, der Empfindungen und des Glaubens, als den Bereich, in dem Phantasie erlaubt ist. Dann kommt man auf die alte Dreiteilung in Tun, Denken und Begehren. Begehren als Erstreben, nicht rein sexuell belegt wie das Wort heute gebraucht wird. Die Dreiteilung benutze ich in meinen Arbeiten über Kleine Systeme, um die Dimensionen aufzuspannen, die man ins Spiel bringen muß, wenn man die Menschen nicht aus den Augen verlieren will.

Für Informatiker ist das Untersuchen dieser Sichtweisen und die Frage nach den gegenseitigen Einflüssen besonders spannend. Sie arbeiten an der Formalisierung und dann Automatisierung dieser Bereiche. Dabei ist alles Nicht-Formalisierte und erst recht alles Nicht-Formalisierbare in Gefahr. Deswegen verändern wir durch die Informatik das Leben so stark, die Gewichte verschieben sich, die Einflüsse nehmen zu oder ab. Deswegen versteht Peter Naur in »Programing as Theory Building« [L5] alles Wissen als Theorie: nicht nur das formale, sondern auch, was in unseren Fähigkeiten und Werten steckt, verborgen oder zumindest nicht formalisierbar.

Deswegen spricht Christiane Floyd in ihrer Arbeit »Outline of a Paradigm Change in Software Engineering« [L5] von einem Paradigmenwechsel. Nach der traditionellen Sicht besteht ein Rechnersystem aus Rechnern und Programmen, vielleicht Dokumenten dazu. Systementwurf ist Ingenieurarbeit, man erstellt mit wissenschaftlichen Methoden ein technisches Produkt. Beim evolutionären Systementwurf folgt man einem anderen Paradigma. Man denkt prozeß-, nicht produktorientiert: Man geht von den Arbeitsprozessen aus, die man ändern will, bezieht die Lernprozesse ein, die durchs Entwerfen und Benutzen ausgelöst werden. Für unser Thema bedeutet das: Es reicht nicht, wenn die Theoretiker

Formalismen und Methoden liefern; sie müssen die menschlichen Prozesse verstehbar machen. Dazu können sie sich nicht hinter die Soziologen, Psychologen, Linguisten, Philosophen verstecken; die haben zu wenig solides Wissen von Informatik, sind durchscheinend. Ebensowenig können die Theoretiker alle diese Wissenschaftler ersetzen; dazu sind sie selbst zu fadenscheinig. Es hilft nur eins: miteinander ins Gerede kommen. Das meine ich mit dem obigen Diagramm: Keiner der Bereiche ist ohne die anderen denkbar, Reden schafft die Verbindungen.

In meiner Arbeit »Theoriebildung als das Gestalten mit Prototypen« schlage ich Prototyping als ein Mittel vor, die verschiedenen Sichtweisen fruchtbar zusammenzubringen. Ein Prototyp ist ein Muster, das man entwickelt, um danach eine Serie zu fertigen (Musterstück) oder um einen ersten Eindruck zu bekommen (Muster ohne Wert). Prototyping als Tätigkeit schillert im Software Engineering in beiden Bedeutungen des Wortes; man lese dazu »A systematic look at prototyping« von Christiane Floyd [L5]. Beim Prototyping eines Programmpakets durchläuft man immer wieder die Phasen Produzieren, Testen, Diskutieren, Ändern: man erstellt eine vorläufige Version, testet sie, diskutiert die Resultate und ändert entsprechend. Die Zwischenergebnisse sind jeweils Muster für die nächste Runde, bis man eins zum Musterstück erklärt, vorläufig.

Das paßt zu dem, was ich über Theoriebildung gesagt habe: In den verschiedenen Phasen kommen die verschiedenen Sichtweisen zu ihrem Recht: die Praxis beim Produzieren, Testen und Ändern, die Kommunikation beim Diskutieren, die Theorie beim Testen und Diskutieren. Wo bleibt die Phantasie? Die vorläufige Version ist nicht einfach unfertig. Man greift einen Teil der Aufgabe heraus – ein Unterproblem, einen Aspekt, einen Spezialfall –, irgendetwas, das für sich lauffähig gemacht werden kann (sonst könnte man es nicht testen) und das für sich Sinn ergibt (sonst könnte man es nicht diskutieren). Einen sinnvollen Teil sehen – dazu braucht man Phantasie. Phantasie kommt von phaino (griechisch: φαινω – ich zeige, ich sage), Theorie von theoro (griechisch: θεορω – ich sehe). Theorie ist eine Sichtweise, Phantasie eine Zeig- oder Sagweise. Was ich sehe, hängt von meiner Phantasie ab; wie ich es sehe, von meiner Theorie. Mit Phantasie sehe ich Neues; aber ich muß es auch klar ans Licht bringen, für mich und für andere. Also braucht man Phantasie auch zum Diskutieren: zeigen, was man für sinnvoll hält, sonst sehen die anderen es nicht. Der ständige Wechsel zwischen Theorie und Praxis reicht allein nicht; erst die Phantasie, die beide verbindet, macht Prototyping erfolgreich. Also ändern wir das Bild:

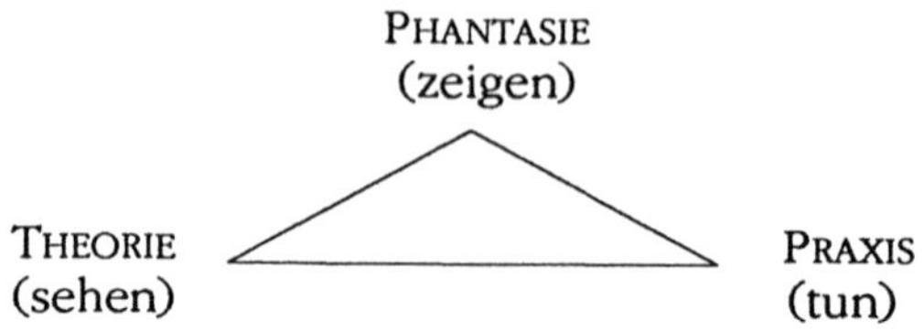

»Beweisen«, schreibt Charles Sanders Peirce 1887 in einem Brief [L5], »... ist ein lebendiger Prozeß, ... eine Art Experimentieren.« Formale Methoden dienen ihm als Hilfsmittel, um die Phantasie (imagination) zu unterstützen. Logik und die umfassende Semiotik (siehe oben) gründen auf Ethik und Ästhetik.[47]

In ihrer Arbeit »Complexity and Uncertainty in Software Design« [L5] stellen Lars Mathiassen und Jan Stage die Methoden der Spezifikation und des Prototyping gegenüber: Spezifikationsmethoden werden von Theoretikern entwickelt, um der Komplexität von Problemen Herr zu werden; sie werden als rational angesehen und meist auch so verwendet. Beim Prototyping geht man experimentell vor; der Praktiker begegnet so der Unsicherheit realer Situationen. Tatsächlich braucht man für ausgewogene Arbeit beides, machen die Autoren einleuchtend; auch mischt man besser bei beiden Methoden rationales und experimentelles Vorgehen. So kommen sie auf ein »Prinzip der beschränkten Reduktion« (S.7): »Rationales Vorgehen zum Reduzieren von Komplexität führt zu neuen Quellen von Unsicherheit, die experimentelle Gegenmaßnahmen erfordern. Umgekehrt führt experimentelles Vorgehen zum Reduzieren von Unsicherheit zu neuen Quellen von Komplexität, die rationale Gegenmaßnahmen erfordern.« Wie immer kann man solche Gegensätzlichkeiten nicht dadurch aussöhnen, daß man eine von ihnen eliminiert oder beide zu einer Super-Synthese zusammenschmiedet. Man muß abwechseln, flexibel, je nach Lage. Gegensätze sind gut, um Spielräume zu schaffen. Dazu braucht es Phantasie.

Über die allmähliche Verfertigung der Theorien beim Arbeiten

Das gilt für Forschen und Lehren gleichermaßen; beidemal will ich anderen klarmachen, was ich sehe. In meinen Aufsätzen »Wie sollen wir über Beweise und Programme reden?« und »Theoriebildung als das Gestalten mit Prototypen« habe ich vor allem über die Forschung geschrieben. An der Technischen Universität

---

[47] Nach Max H. Fisch [L5], Kap. 14, S. 269.

Berlin unterrichten wir zur Zeit einige große Lehrveranstaltungen in diesem Stil. Den Teilnehmern von »Logik für Informatiker«, einer Quasipflicht-Lehrveranstaltung zu Beginn des Hauptstudiums, erläutern wir das Konzept auf einem Informationsblatt.

WAS WIR IM SOMMERSEMESTER 1990 IN DER LOGIK MACHEN WOLLEN

Beim Lernen verändert man sich, Verändern kann man nur durch Tun; also kann man nur durch Tun lernen. Logisch? Deswegen stellen wir *Projektaufgaben* in den Mittelpunkt der LV, nicht die Vorlesung und nicht die Tutorien und nicht die Übungen. Es gibt vier solche Aufgaben, übers Semester verteilt. Wenn Ihr die vier Aufgaben bearbeitet, kennt Ihr den Stoff, den wir sonst in der Vorlesung behandelt haben. Ihr habt vielleicht Lücken und Euch fehlt die Übersicht, aber Ihr könnt in dem Gebiet selbstständig arbeiten. Die Aufgaben löst Ihr im Prototyping-Stil: Ihr erarbeitet in Euren Kleingruppen einen Lösungsansatz, schreibt den auf, zeigt ihn Eurem Tutor und erzählt dabei. Die Tutoren machen Euch auf Fehler aufmerksam, insbesondere auf Diskrepanzen zwischen dem, was Ihr erzählt und was Ihr geschrieben habt, beantworten Fragen, geben vielleicht Hinweise. Damit geht Ihr in die zweite Runde. Das Spiel wiederholt sich, bis alle Beteiligten zufrieden sind. Dann geht's an die nächste Aufgabe.

Um diesen Prozeß zu unterstützen, bieten wir Euch *Tutorien*, ein *Logik-Zentrum*, ein *Skript* und eine begleitende *Vorlesung* an. Im *Tutorium* trefft Ihr Euch einmal wöchentlich; wie Ihr dort arbeitet, macht Ihr mit Eurem Tutor aus. Auch im *Logik-Zentrum* habt Ihr einen festen Termin pro Woche mit Eurem Tutor. Den müßt Ihr einhalten, um die Aufgaben zu besprechen; Ihr könnt dort aber jederzeit, auch wenn andere Tutoren Dienst haben, an der Logik arbeiten, die anderen oder den Tutor um Rat fragen. Das *Skript* ist zum Selbststudium gedacht, es enthält viele Beispiele, Aufgaben und Beweise, an denen Ihr im Tutorium und zu Hause arbeiten könnt. Ihr gewinnt so Eure Fähigkeiten und Unfähigkeiten in eigener Verantwortung, mit unserer Hilfe. Die *Vorlesung* ist nur begleitend, wir vermitteln keinen Stoff. (Stoff? Vermitteln? Die Uni ist kein Drogenumschlagplatz.) Wir geben jeweils eine Übersicht über die Fragen und Antworten der vergangenen und kommenden Woche, ordnen ein, ergänzen Historisches und Philosophisches.

Die Projektform soll Euch und uns nicht mehr Zeit nehmen oder geben als die herkömmliche Lehrveranstaltung. Deswegen – und weil man länger nicht zuhören kann – dauert die Vorlesung nur 60 Minuten; ein Tutoriumstermin ist 90 Minuten lang – ein Zentrumstermin 120, wird aber als betreute Übungszeit nur 30 Minuten gerechnet. Die Tutoren haben mehr Zeit für Euch, da sie kaum zu Hause korrigieren müssen.

Alles klar?

Wir führen das Experiment jetzt zum vierten Mal durch, für die Logik zum zweiten Mal – Prototyping! Wir diskutieren die Versuche mit den Studenten und Kollegen, die sie unterschiedlich bewerten. Die Studenten sind durchwegs begeistert über die Projektaufgaben, an denen sie freier und sinnvoller arbeiten als an den üblichen wöchentlichen Aufgäbelchen, mit denen sie den Stoff nur üben und sich Noten einhandeln konnten. Viele sind auch zufrieden, daß die anonyme gängelnde Vorlesung eine neue Funktion bekommt: wir unterstützen mit ihr die Arbeit der Studenten, machen sie sinnvoll, aber geben nicht vor, daß dort die Arbeit geschehe. Zuhören ist nicht Arbeiten. Manche Studenten klagen darüber, daß ihnen der dauernde Druck und die Erfolgserlebnisse der Übungsblätter fehlen; freiwillig arbeiten ist unter dem Druck der anderen Verpflichtungen schwierig. Manchen fehlt die klare Vorgabe »des Stoffes« durch die Vorlesung. Die Kollegen wittern mangelnde Kontinuität und Kontrolle und dementsprechend schlechtere Kenntnisse der Studenten. Tatsächlich sind die Prüfungsergebnisse wesentlich besser, besonders auffällig im Grundstudium: die Studenten wissen weniger auswendig, kommen aber in der Regel auch mit ausgefalleneren Fragen, über die sie nachdenken müssen, ausgezeichnet zurecht. Die Prüfungen sind nicht obligatorisch, die Schlechteren kommen also gar nicht erst; aber völlig fehlen die üblichen traurigen Erscheinungen, die von sich überzeugt sind, weil sie Sätze und Definitionen aufsagen können. Sie können sich beim Lernen nicht mehr so leicht selbst betrügen. Wir beim Lehren auch nicht. Eine Vorlesung oder eine ganze Veranstaltung so durchzuführen, daß dort nicht nur Stoff präsentiert wird, ist nicht leicht. Die größten Mißerfolge bei dem Vorgehen hatten wir, wenn wir uns und den Teilnehmern nicht laufend klarmachten (Prototyping!), was wir eigentlich von ihnen wollen und erwarten (Phantasie!).

Für die Logik setze ich das Konzept zu einem Buch um: »Formalisieren und Beweisen – Logik für Informatiker« [L5]. Höchstens im Inhalt ähnelt es einem traditionellen Lehrbuch. Durch Aufbau und Darstellung versuche ich zum Mitarbeiten anzuregen. Dadurch sieht der Formalismus oft anders aus. Aber wie wichtig sind Formalismen? Es geht ums Formalisieren.

Wende zur Phantasie

Wie können wir also die Theorie der Informatik aus der formalen Enge befreien? Theoriebilden im Prototyping-Stil kann helfen, die starren Grenzen zwischen den verschiedenen Bereichen aufzuheben. Theoretiker und Praktiker bekommen wieder mehr Einfluß aufeinander. So können wir Theoretiker aus den Versuchen herauskommen, zu beschreiben, was Informatik ist. Stattdessen können wir uns mit dem beschäftigen, was Informatiker tun und warum sie es tun oder nicht tun. Wir können die Theorie des Wissens ab- und eine Theorie des Tuns aufbauen; die ist leichter zu ändern.

Theorie und Praxis sind nicht eingleisig verbunden. Wichtig ist, daß wir durchs Kommunizieren die beteiligten Menschen ganz ins Spiel bringen. Wenn wir Theorien weitergeben, in Lehrveranstaltungen oder auf Konferenzen, in wissenschaftlichen Arbeiten oder in Diskussionen mit Laien, sollten wir nicht versuchen, unsere Ergebnisse an den Mann, die Frau, die Kinder zu bringen. Sie lernen eher, wenn sie selber etwas tun dürfen, wir nur Spielleiter sind. Die Theorie wird die Rolle der bösen Schwiegermutter der Praxis am ehesten los, wenn sie sich mit der Stieftochter der Wissenschaft, der Didaktik, verbündet, nein aussöhnt. Wir können eine Theorie nur entwickeln, wenn wir sie anwenden oder weitergeben. Auch Kleist versucht, seiner Schwester die Probleme zu erklären; redete er nur blind und taub auf sie ein, lernte er selber nichts.

Ins Spiel bringen! Durch die Kommunikationsphasen machen wir Änderungen möglich; aber der Druck der Verhältnisse und die Folgerichtigkeit der Theorie führen noch nicht zu Neuerungen. Unsere Phantasie wird erst fruchtbar, wenn wir sie spielen lassen. Wenn wir Werten und Wünschen, Kultur und Ethik, ausklammern, klammern wir den Menschen aus. Nach der pragmatischen und der sprachkritischen Wende brauchen wir eine Wende zur Phantasie.

Dank

Ich danke fürs Mitspielen: meiner Frau Marie Luise, meinen »Uni-Kindern« Peter Eulenhöfer und Mechthild Koreuber, den Mitgliedern des Arbeitskreises »Theorie der Informatik« und den Teilnehmern der ersten Bederkesa-Workshops des Arbeitskreises. Ich habe viel von ihnen gelernt.

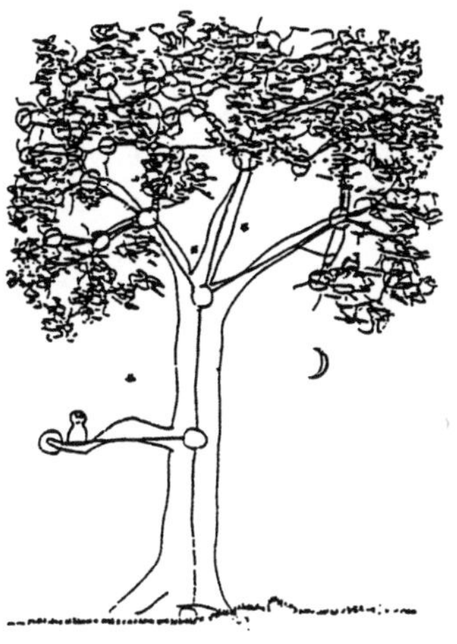

Rahmen-
stücke

Der Wissenschaftler und seine Verantwortung

Der Wissenschaftler spricht seine eigene Sprache. Er schneidet aus dem Kuchen »Wirklichkeit« ein Stück heraus, sucht nach Begriffen und Methoden, die für den Bereich angemessen sind, und macht dann »objektive« Aussagen über den Bereich. Der Wissenschaftler legt also seine eigene Sprache fest. Er beackert nicht die rauhe Wirklichkeit, sondern seinen selbst gepflanzten und selbst umzäunten Garten. Daher sind wissenschaftliche Aussagen, streng genommen, Bedingungssätze: »Wenn Hu und Bu so und so definiert sind, dann ist jedes Hu ein Bu.« Aber wer nimmt seine Wissenschaft schon so ernst? Voraussetzungen sind selten festgestellt, und oft nicht feststellbar.

Tatsächlich scheint Wissenschaft nicht anders möglich. Ich kann mich mit anderen zweifelsfrei nur verständigen, wenn wir uns auf eine gemeinsame Sprache geeinigt haben. Wie kann man also vom Wissenschaftler Verantwortungsbewußtsein verlangen? Der Wissenschaftler kann als Wissenschaftler nicht über die Folgen nachdenken, die sein Handeln im anderen Bereich haben könnte: Seine Sprache kann nicht so weit reichen.

Wie abgehoben der Wissenschaftler von der Wirklichkeit ist, sieht man am deutlichsten in den beiden abstrakten Wissenschaften: Mathematik und Philosophie. Ihre Denkgerüste sind scheinbar ganz in sich abgeschlossen, und daher allgemeingültig und nicht auf die Wirklichkeit angewiesen. Auch der Naturwissenschaftler, wenn er über seine Tätigkeit nachdenkt, spürt, meist unklar, daß er, um objektiv zu sein, auf Voraussetzungen aufbaut, die selbst nicht objektiv, weil nicht in seiner Sprache definierbar sind. Am schwierigsten haben es die Ingenieur- und Geisteswissenschaftler; dazu zähle ich für den Augenblick Mediziner, Juristen und Theologen. Sie beschäftigen sich, wie es scheint, direkt mit dem Menschen und mit der Technik; sie haben keine Sprachschwierigkeiten. Oder doch? Ein Städtebauer entwirft eine Siedlung. Kennt er die Bedürfnisse der zukünftigen Bewohner? Ein Psychologe analysiert menschliches Verhalten. Sieht er seine Untersuchungsobjekte als lebendige Wesen? Oder denken beide in abstrakten Kategorien, in die sie als Wissenschaftler hineingewachsen sind? Ohne die sie nicht Wissenschaftler wären? Schlimm dran sind Menschen und Natur, die mit der unmerklichen Gewalt der kleinen Schritte in diese Kategorien gepreßt werden. Wissenschaft ist so erfolgreich, nicht weil sie auf dem richtigen Weg ist, sondern weil sie alles auf ihren Weg zwingt. Das wird dadurch noch gefährlicher, daß sich Ingenieur- und Geisteswissenschaften mehr und mehr naturwissenschaftlicher, also unangreifbarer, Methoden bedienen.

Betrachten wir ein Beispiel aus der Informatik, einer (vornehmlich Ingenieur-) Wissenschaft, die, wenn überhaupt, gerade unter unseren Augen entsteht. Ein Informatiker, der ein Informationssystem entwirft, achtet auf Effizienz, Portabilität, Orthogonalität und andere Eigenschaften, für die Fremdwörter gut genug sind, da sie systemimmanent definiert sind. Natürlich wird auch der Benutzer berücksichtigt: Die Antwortzeiten sollen kurz sein, die Benutzersprache einfach und universell. Aber vielleicht spricht der Benutzer lieber in einer komplizierten, speziellen, vage definierten Sprache? Vielleicht wartet er gerne, wenn er dabei mit seinen Kollegen schwatzen, seinen Krimi lesen oder über seine Eheschwierigkeiten nachdenken kann. Man definiere »Wartezeit« als »bezahlte Freizeit« und wirft alle systems design principles über den Haufen.

Damit sind wir zurück bei unserer Ausgangsthese: Jede Wissenschaft spricht ihre eigene Sprache. Wissenschaftliche Erkenntnisse mit menschlichen Wünschen zu vereinbaren, bleibt dem Politiker überlassen. Wenn es ganz schlimm käme, wäre der verantwortungsbewußte Wissenschaftler bereit, sagt er, seine Freiheit durch die Politiker beschneiden zu lassen. Gelungen ist das bisher weder in der Kern- noch in der Genforschung noch irgendwo anders. Die Politiker wissen zu wenig von der Forschung, um sie einschränken zu können; ihnen liegt wohl auch nicht daran.

Wie dem auch sei, seine Verantwortung zu leugnen oder gar weiterzugeben, ist pubertär, wenn nicht schlicht verbrecherisch. Dazu brauchen wir nicht das Problem der Kriegsforschung und die Rolle der (Ingenieur-) Wissenschaftler im Dritten Reich anzuführen. Überall um uns und in uns zerstört verantwortungslos angewandte Wissenschaft die Welt: Die Industrie beutet die Umwelt aus und verschmutzt sie; auf dem Wege verschmutzt und verdummt sie Menschen mit Werbung; Werbung wieder benutzt Technik. Das ist ein Teufelskreis, der Natur-, Ingenieur- und Geisteswissenschaften verkettet. Medizin, Religion und Rechtswissenschaft würdigen uns zu Mechanismen herab, deren körperliches oder seelisches oder soziales Verhalten fehleranfällig ist. Woran liegt das? Wir müssen etwas tun. Aber was?

Für Informatiker liegt eine Lösung eigentlich nahe: Um eine neue Sprache verwenden zu können, muß ich sie übersetzen (compilieren) in eine Sprache, die ich schon benutzen kann. Warum kann der Wissenschaftler seine Sprache nicht in die Umgangssprache compilieren und so seine Aussagen überprüfen? Warum ist die wissenschaftliche Sprache so losgelöst vom Leben?

Alte Weisheit gliedert die Welt in vier Bereiche: den unbelebten der Mineralien, darüber den belebten der Pflanzen und niederen Tiere, darüber den bewußten der Tiere und schließlich den der Menschen, die ihrer selbst bewußt sind. Die Bereiche sind nicht sauber zu trennen, aber deutlich verschieden: Es erschreckt uns, wenn ein Organismus aus einem Bereich in einen tieferen fällt, sein Selbst-Bewußtsein, Bewußtsein oder Leben verliert; und es erstaunt uns, wenn das Umgekehrte gelingt. Es hat seinen Grund, daß die Bereiche schwer zu trennen sind: Es gelingt nicht, »Leben«, »Bewußtsein« oder gar »Selbst-Bewußtsein« zu definieren. Diese Worte sind zu weit und breit mit unserer Sprache verwoben, sie bestimmen uns als Menschen; so können wir sie nicht bestimmen. Deswegen befaßt sich Wissenschaft nur mit Leblosem: Alles andere ist zu unbestimmt. Deswegen blühen und beeindrucken die Natur- und Ingenieurwissenschaften.

Deswegen reduzieren die übrigen Wissenschaften die Organismen, die sie untersuchen wollen, auf unbelebte Systeme; damit können sei einiges erklären, wenn auch nichts verstehen. Deswegen können wir die wissenschaftliche Sprache nicht in die Umgangssprache übersetzen: sie würde sinnlos. Haben Sie einmal versucht, Absatz für Absatz wechselnd, eine Kurzgeschichte von Kafka und eine wissenschaftliche Arbeit parallel zu lesen?

Sollten wir also die Wissenschaften aufgeben und uns wieder dem einfachen Leben zuwenden? Das Leben wäre kaum einfach. Kafka, zum Beispiel, gäbe es darin nicht. Oder können Sie Kafka in die Umgangssprache compilieren? Ein Künstler schafft seine eigene Sprache, genau wie ein Wissenschaftler. Sie ist weniger genau festgelgt, aber umso empfindlicher bezogen auf unsere Sprache, unser Leben. Wissenschaft und Kunst verlangen ihren Zöglingen das Gleiche ab: scharf beobachten und genau verknüpfen, in der richtigen Sprache. Also nicht »compilieren« – das ist eh ein wissenschaftlicher Terminus, – sondern »in Beziehung setzen«, damit die geschaffene Sprache einen Sinn bekommt.

Soll sie Sinn ergeben, müssen wir diese poetische These auf sich selbst anwenden: Was bedeutet sie für den Wissenschaftler? Als erstes, besonders für den Natur- und Ingenieurwissenschaftler, eine Ernüchterung: Er ist nur mit dem niedrigsten Bereich befaßt. Dann eine Ermutigung: Er kann als Wissenschaftler Künstler sein, wenn er den Mut hat. Denn auch der wissenschaftlichste Wissenschaftler ist ein Mensch, der vielleicht Blumen gießt, einem Hund ausweicht, seinen Geburtstag feiert und sich vor dem Tod fürchtet. Wenn er mutig genug ist, bei jeder wissenschaftlichen Entscheidung zu fragen: »Kann ich das mit meinem gesamten Leben, in der Länge und in der Breite, in der Höhe und in der Tiefe, vereinbaren?« –, dann wird das seine wissenschaftliche Karriere in drei Tagen umkrempeln. Denn kein Mensch kann sich diese Frage dauernd stellen, mit »nein« beantworten und trotzdem so handeln. Er braucht keinen allgemeinen Maßstab, an dem er seine Entscheidungen mißt. Ich habe keinen. Auch ein Künstler hat keinen. Das Problem ist nicht, daß wir keinen verbindlichen Rahmen kennen, an dem wir alles festmachen können. Das Problem ist, daß wir seit Jahrhunderten allen Menschen predigen, daß sie nach einem solchen Rahmen nicht fragen dürfen, weil das unwissenschaftlich sei. Bei den Studenten fangen wir an, die wundern sich kurz, dann predigen sie dasselbe. Und lesen Kafka nur noch in den Semesterferien.

Wir können also nicht global »Wissenschaft« vom unbelebten in die höheren Bereiche heben, indem wir sie umdefinieren, ihre Sprache ändern. Wir können lokal unserer eigenen wissenschaftlichen Arbeit Sinn geben, indem wir über sie sprechen, als gehöre sie zu unserem Leben. Dadurch wird sie nicht subjektiver als unsere Umgangssprache; und sie verliert ihre Schein-Objektivität. Wenn wir, um das Beispiel aus der Informatik wieder aufzugreifen, ein Informationssystem bauen, können wir uns fragen: »Möchte ich, daß mein Leben dadurch organisiert wird?« Dann sehen wir, daß wir für unsere wissenschaftliche Arbeit ebenso direkt verantwortlich sind wie für unser Verhalten gegenüber dem Kollegen oder auf der Straße.

Die Sprache, die wir sprechen, ist Gemeingut; sonst könnten wir uns nicht verständigen. Sie verbindet uns mit anderen, macht uns abhängig. Aber sie ist auch unsere Haut, die uns ausweist, unser gegerbtes Fell. Es ist unsere Verantwortung, auf sie zu achten.

Warum macht uns Formales Angst?

Viele von uns haben Angst vor der Mathematik. Oft übernehmen wir sie schon von den Eltern, der großen Schwester; oder ein Lehrer, oft der Mathelehrer selber, läßt uns Mathematik als schrecklich erscheinen. Ähnlich ist die Angst beim Programmieren, beim Umgehen mit Maschinen oder Formalismen, die wir nicht beherrschen, beim formalen Arbeiten überhaupt. Merkwürdig ist das: Eigentlich sollen Formalismen, seien sie geistig oder materiell, unsere Sicherheit erhöhen. Warum machen sie uns unsicher, erzeugen Angst?

Wir leben aus dem Zusammenhang. In vertrauten Situationen wissen wir, was wir tun können und tun müssen, meist daher auch was wir tun wollen. Dieses Wissen ist intuitiv, nicht formal; wir entscheiden nicht nach Regeln, sondern tun was uns sinnvoll erscheint. Beim Formalisieren wird der natürliche Zusammenhang zerstört. Wir müssen die gewohnten Bedeutungen von Wörtern unterdrücken und neue lernen. Und wir dürfen nicht lachen, wenn der Professor bei der Hinrichtung Oberkörper betrachtet und bei der Rückrichtung Unterkörper erzeugt. Wir müssen Formeln nach bestimmten Regeln auswerten, nicht einfach so drauflos. Aber welche Regel ist jetzt gerade dran? Welche führt uns zum richtigen Ergebnis, und welche in die Irre? Die Brücke zu mehr Sicherheit führt durch Sümpfe von Unsicherheit. Da entstehen Ängste: Wir müssen handeln in unvertrauter Umgebung. Neues wird uns durch Umgang vertraut. Aber wenn wir Angst haben, sehen wir nicht, was um uns ist.

Wissen besteht in Verweisen auf anderes Wissen: Mit Wörtern deuten wir auf andere Wörter (Wörter haben »Bedeutung«). Das sieht aus wie eine zirkuläre Definition oder eine nichtterminierende Rekursion. Im Alltag kommen wir damit gut zurecht; wir gehen in der Rekursion immer nur wenige Schritte, bis wir bei Vertrautem sind: Wissen, das uns »in Fleisch und Blut« übergegangen ist, Körperwissen. Begriffe dagegen sind körperlos. Deswegen denkt man sich in der Wissenschaft, wo man mit Begriffen arbeitet, Wissen als eine Menge von Fakten, die nach Regeln manipuliert werden. Darin steckt auch ein unendlicher Regress, da wir etwas über die Regeln wissen müssen. Im wissenschaftlichen Alltag stört das weiter nicht, wir setzen einen Kontext einfach voraus, lassen die Übergänge verschwimmen. Erst wenn wir die wissenschaftliche Definition wörtlich nehmen und versuchen, Wissen formal so zu repräsentieren, geraten wir in die Klemme.

Sinn entsteht beim Wählen aus Alternativen, sagt Niklas Luhmann in seinem Buch »Soziale Systeme« [Literatur, Teil L4]. Sinnvoll handeln wir, wenn wir wissen, woher und wohin uns das Handeln führt. Die Bestimmung sieht nicht zirkulär aus, ist sie aber, schlimmer als die obige: zeitlich, nicht nur räumlich (übers Wissen). Sinn ist ein unendlicher Zirkelschluß von der Zukunft über die Vergangenheit in die Gegenwart, von hinten durch die Brust ins Auge. Wir wissen nicht, was morgen sein wird, und was gestern war, vergessen wir schon; wie soll uns das heute zu Sinn verhelfen?

Arno Rolf unterscheidet in seinem Aufsatz »Sichtwechsel – Informatik als Gestaltungswissenschaft« [L5] zwischen interpretierenden, konstruierenden und gestaltenden Wissenschaften. Die Geistes- und Naturwissenschaftler interpretieren, die Ingenieure konstruieren; gestalten wollen nur die Architekten, sollten die

Sozialwissenschaftler, Juristen, Mediziner und Theologen.[48] Einen Text interpretieren wir, indem wir ihn in einen Kontext stellen; in dem neuen Licht sehen wir ihn anders, verstehen ihn erst. Trotzdem ist es der alte Text. Auch eine Naturerscheinung wird dadurch nicht anders, daß wir sie interpretieren, verstehen, mißverstehen. Eine Maschine konstruieren wir nach einem Plan; funktioniert sie dann nicht, hat der Plan nichts getaugt oder wir haben schlampig gearbeitet. Die Maschine ist neu, aber nicht wirklich etwas Neues: Auf dem Papier, in unseren Gedanken war sie vor der Konstruktion. Lebendiges – eine Blume oder einen Menschen – können wir nicht konstruieren und brauchen wir nicht zu interpretieren. Eine Rose ist eine Rose ist eine Rose, und ein Büroautomat ist keine Sekretärin. Wenn wir etwas Lebendiges zustandebringen wollen – eine Unterrichtsstunde oder ein rechnergestütztes System –, können wir es nur gestalten. Erst müssen wir die Gestalt vor Augen haben, dann die Bedingungen herstellen, daß unsere Vision wirklich Gestalt annehmen kann. Was sollen die Zuhörer nachher können? Was kann ich ihnen dazu sagen? Was sollen und wollen die Betroffenen mit den Rechnern anfangen? Was für Rechner müssen das sein? Gestalten.

Ein Plan ist keine Gestalt. Ein Text hat keine Gestalt. Mit Plänen und Texten beschreiben wir, was wir wissen, Vorhandenes und Zukünftiges. Eine Gestalt ist kein Wissen, nur ein Umriß. Mehr können wir nicht sehen, denn es soll ja erst wachsen; weniger dürfen wir nicht sehen, denn es soll ja gut werden, den Umrissenen gut tun. Nur Lebendiges hat Gestalt. Und Lebendiges hat nur Gestalt, ist durch Pläne und Texte nicht festzulegen; denn es soll ja immer neu werden.

Was tun wir, wenn wir Formalismen entwickeln und weitergeben? Interpretieren wir alte Gehege, die immer schon Sicherheit gaben? Konstruieren wir neue Gefängnisse, noch sicherer gegen Ausbrüche? Oder gestalten wir Wohnungen, rechteckig zwar und ein bißchen dunkel, denn wir wohnen nicht auf Bäumen, aber gut gegen Regen und Kälte?

Natürlich fließen die Übergänge. Wir können nicht interpretieren, ohne dabei unsere Welt zu verändern, und die abgegriffenste Konstruktion muß einmal erdacht sein. Ebenso können wir umgekehrt nichts gestalten, ohne uns dabei auf Gesichertes zu stützen, zum Beispiel in der Informatik auf Formalismen. Formalismen sind unentbehrliche Werkzeuge fürs Konstruieren von Programmen; wir gewinnen Formalismen, indem wir Probleme formal interpretieren. Neues gestalten können wir, wenn wir Formales als Hilfsmittel benutzen, nicht als

---

[48] Hier bin ich Gerhard Goos verpflichtet, der mich auf Herbert Simon hinwies: In seinem Buch »The Sciences of the Artificial« [L5] unterscheidet er Wissenschaften, die sich mit natürlichen Dingen beschäftigen, von solchen, die es mit Menschenwerk (Artefakten) zu tun haben, und klassifiziert die Disziplinen auf ähnliche Weise.

Selbstzweck; denn nur so bleiben die Systeme lebendig. Arg mühsam, und es braucht Mut. Nur Mut vertreibt die Angst.

Hinweise zur Literatur

Um zum Aussuchen anzuregen, habe ich die Literatur nach Gebieten geordnet. Tatsächlich sind die meisten Bücher vielseitig, lassen sich kaum einordnen. Auch die Bemerkungen zu den Büchern sind persönlich, sollen anreizen. Fehlen sie, hielt ich einen Kommentar für überflüssig.

L1. Natur, Biologie, Landwirtschaft

BERRY, WENDELL: *A Continous Harmony.* A Harvest Book: New York 1975
»Essays Cultural and Agricultural« über die Hintergründe und Aussichten unseres Lebens, über unsere Wahlmöglichkeiten. Themen wie »Think Little«, »Discipline and Hope«, »In Defense of Literacy« vereint Wendell Berry später in dem nächsten Buch.

BERRY, WENDELL: *The Unsettling of America – Culture and Agriculture.* Avon Books: New York 1978
Wendell Berry stellt zwei Lebensweisen gegenüber: Nähren (to nurture) und Ausbeuten (to exploit). Der Nährer kann nur in kleinen Systemen leben, der Ausbeuter macht alles riesig. Ich habe viel von Wendell Berry gelernt, liebe seine Beschreibung der Rückkehr des Odysseus, sein Verständnis von der griechischen 'arete'.

CARSON, RACHEL: *Silent Spring.* Fawcett Books: Greenwich, Conn. 1962 Deutsch: Der stumme Frühling. Beck'sche Schwarze Reihe 144, Beck: München 1981
Für mich ist es zu bedrückend, um es ganz zu lesen.

CRONON, WILLIAM: *Changes in the Land – Indians, Colonists, and the Ecology of New England.* Hill and Wang: New York 1983
Wie Indianer und Siedler in Neu-England, jeder auf seine Weise und in Beziehung zueinander, das Land sehen, sich darin verhalten, es ändern und sich so selber ändern.

DILLARD, ANNIE: *Pilgrim at Tinker Creek.* Bantam Books: New York 1975
»Ich bin keine Wissenschaftlerin; ich erkunde die Umgebung,« schreibt Annie Dillard – Dichterin und Literaturkritikerin – und läßt uns teilhaben an ihrer Erkundung der Natur, hingerissen zwischen mystischem Staunen und wissenschaftlicher Akribie. Es ist mein Lieblingsbuch, das Schloß in der Kette der Bücher von Thoreau, Muir und Leopold (alle L1). Weitere Bücher von ihr in L6 und L7.

FABRE, JEAN HENRI: *Insects.*
Nature Classics (ed. David Black), Charles Scribner's Sons: New York 1979

JACKSON, WES: New Roots for Agriculture. Friends of the Earth: San Francisco 1980
Wes Jackson, Direktor des Land Institute, zeigt, wie wir mit unseren Ackerbaumethoden die Erde ruinieren – einfach durch das jährliche Pflügen und Düngen. Wenn wir mehrjährige Pflanzensorten verwendeten, könnten wir eine ökologisch stabile Landwirtschaft entwickeln.

KRAMER, MARK: *Three Farms – Making Milk, Meat and Money from the American Soil.* Bantam Books: New York 1981
Das beste Sachbuch zu Wendell Berry »The Unsettling of Amerika«. Klar, abwägend und kenntnisreich geschrieben – gerade dadurch dichterisch und eindringlich.

KRUTCH, JOSEPH WOOD: *The Desert Year. Compass Books,* The Viking Press: New York 1963
Berichte von einem langen Forschungsfreisemester in einem Wüstengebiet im Süden der USA. Zwischen einfühlsamen Naturbeschreibungen tiefergehende Reflektionen wie in »From a Mountaintop« und »The Individual and the Species«.

LEOPOLD, ALDO: *A Sand County Almanac.* Ballantine Books: New York 1970
Aldo Leopold, Biologieprofessor, Regierungsberater und Wochenendfarmer, hat früher als wir alle für Umweltschutz und Umweltbewußtsein gearbeitet. Von ihm stammen Begriffe wie 'food chain' und 'land pyramid' und der Ruf nach 'land ethics' – gewachsen aus wunderschönen Betrachtungen der Natur und der Rolle des Menschen in ihr.

LOPEZ, BARRY HOLSTUN: *Of Wolves and Man.* Charles Scribner's Sons: New York 1978
Wölfe sind gerade so undurchschaubar wie Menschen.

MCPHEE, JOHN: *Coming into the Country.* Bantam Books: New York 1979
Geschichten über einsames und gemeinsames Leben in Alaska; die einen verwirklichen ihre Träume vom ursprünglichen Leben, die anderen verlieren sie.

MOWAT, FARLEY: *Never Cry Wolf.* Dell Publ.: New York 1963
Deutsch: Ein Sommer mit Wölfen. Engelbert 1978
Von der kanadischen Regierung ausgeschickt, um die Gefährlichkeit von Wölfen nachzuweisen, entdeckt Farley Mowat, daß sie treue, zärtliche, spielerische, genügsame, friedliche Tiere sind – Eigenschaften, die den Menschen immer mehr abgehen. Wölfe halten den Karibou gesund, der Mensch schlachtet ohne Not Karibou und Wolf.

MUIR, JOHN: *The Wilderness World of John Muir.* Edwin Way Teale (Ed.). Houghton Mifflin: Boston 1954
Verglichen mit dem nur wenig früheren Thoreau ist John Muir ein Waldschrat, der Nordamerika durchwandert, auf einer Lawine reitet und sich vom Sturm im Wipfel einer Kiefer wiegen läßt. Und das ebenso machtvoll beschreibt, wie er für die Erhaltung der Natur kämpft, vor hundert Jahren.

SEIFERT, ALWIN: *Gärtnern, Ackern – ohne Gift.* Biederstein-Verlag: München 1971
Das älteste Buch, das ich kenne, über biologischen Anbau im Kleinen und im Großen. Gleichzeitig praktisch und enthusiastisch geschrieben; ich brauche kein anderes zu dem Thema.

SNYDER, GARY: *Earth House Hold.* A New Directions Book: New York 1957
Tagebuchblätter, Notizen, Reflektionen über Reisen im Fernen Osten, Wachen in der amerikanischen Bergwildnis. Über östliches Versenken und westliche Ekstase, über Meditation zu gemeinsamen archaischen Werten. Sehr fremd und schön.

THOMAS, LEWIS: *The Lives of a Cell.* Bantam Books: New York 1974. Deutsch: *Das Leben überlebt – Das Geheimnis der Zellen.* Kiepenheuer & Witsch: Köln 1976
Aufsätze eines Biologen über die Grundfrage der Biologie, auf den Menschen bezogen: was ist ein Organismus? Wie besteht ein komplexes Ganzes aus seinen Teilen? Ist das Zielprinzip der Evolution Aggression oder Kooperation?

THOREAU, HENRY DAVID: *Walden (and other writings).* Bantam Books: New York 1962
Deutsch: *Walden oder Leben in den Wäldern.* Detebe 19, Diogenes: Zürich 1971
Der Klassiker der amerikanischen Umweltliteratur, geschrieben etwa 1850. Wie Annie Dillard, aber in anderer Zeit und anderem Geist, erkundet Thoreau die Natur und entwickelt daraus aufrührerische, wenn auch manchmal arrogant klingende Ansichten über Sehen und Lernen, über Technik und Selbständigkeit. Ich liebe das Buch bei jedem Lesen mehr.

THOREAU, HENRY DAVID: *The Natural History Essays.* Peregrine Smith: Salt Lake City 1980
Am meisten liebe ich das Essay »Walking«, einen Preisgesang auf die Wildheit. Thoreau bringt es fertig zu schreiben: »Es ist nur das Wilde, das uns in der Literatur anzieht.«

TOMPKIN, PETER; BIRD, CHRISTOPHER: *The Secret Life of Plants.* Penguin 1975
Deutsch: Das geheime Leben der Pflanzen. Fischer Taschenbuch 1977, Frankfurt/Main 1981
Wenn man Pflanzen wirklich kennt, kann man in ihnen herumgehen wie in Räumen, sich mit ihnen unterhalten, Freund mit ihnen werden.

WOJCIK, JAN: A Spawning Run of Ecological Ideas Upstream, Against the Current. *The CoEvolution Quarterly*, no. 30, summer 1981, pp. 24-28
Wie schwierig es war, Wendell Berry, den Verfechter kleiner Systeme (siehe seine Bücher oben und in L7), in das große System Purdue University einzuladen.

WOJCIK, JAN: The Eye of a Bluefish. *The CoEvolution Quarterly*, no. 38, summer 1983, pp. 56-66
Eine Geschichte über hinreißendes nächtliches Fischen. Eine Geschichte von Sehen und Gesehenwerden.

WOJCIK, JAN, et al. (ED.): Aftertaste – A Composite of Expressions of Horticulture Park. Purdue University, Winter-Spring 1977
»Exercises in repose.« »Studenten aus einem Kurs über ökologische Literatur zogen jede Woche in kleines Waldstück in einer Ecke des Botanischen Gartens der Universität, um zu sehen, was es zu sehen gab, und darüber Tagebuch zu führen.«

WOJCIK, JAN, et al. (ED.): The Hemlock's Bark – A Composite of Expressions of Horticulture Park. Purdue University, Winter-Spring 1980
»Exercises in seeing with the ecological eye.« Wie das erste Heft entstanden als Kursprojekt von Studenten; der Erlös wurde gespendet als Beitrag zur Erhaltung des Wildcat Creek.

L2. Evolution

BATESON, GREGORY: *Steps to an Ecology of Mind.* Ballantine Books: New York 1972. Deutsch: *Ökologie des Geistes.* Suhrkamp: Frankfurt/Main 1981
Aus einem Biologen wird über praktischer Arbeit in Ethnologie und dann Psychiatrie ein Systemtheoretiker, weil er alles, was er lernt, theoretisch durchdringt. Die Aufsätze spiegeln seine Entwicklung und die seiner Theorien wider.

BATESON, GREGORY: *Mind and Nature – a Necessary Unity.* Bantam Books: New York 1979. Deutsch: *Geist und Natur – eine notwendige Einheit.* Suhrkamp 1982
Der menschliche Geist ist nicht nur durch die biologische Evolution entstanden, er spiegelt sie wider, arbeitet selbst evolutionär: zyklisch durch Gegensätze hindurch. Das schönste Buch über Lernen und Evolution.

BATESON, GREGORY; BATESON, MARY C.: *Angels Fear – Towards an Epistemology of the Sacred.* Macmillan: New York 1987
Die Tochter von Gregory Bateson, selber Ethnologin, hat nach seinem Tod Manuskripte, Vorträge und Entwürfe zu einem geplanten gemeinsamen Buch überarbeitet und ergänzt. So reflektieren sie zusammen über Religion – ein Thema, das Gregory Bateson bisher gemieden hat. In Batesons evolutionärer Theorie des Geistes ist kein Platz für Übernatürliches, aber ohne Heiliges wäre sie platt mechanistisch.

BRODER, BILL: *The Sacred Hoop.* Sierra Club Books: San Francisco 1979
Ein merkwürdiger Kranz von Geschichten mit historischem Hintergrund über die Entwicklung der Menschheit – wie Kunst und Kultur, Wirtschaft und Politik mit Religion verwoben sind, und so die Menschen bei allem, was sie tun, am Heiligen teilhaben.

DARWIN, CHARLES: *The Origin of Species.* Penguin Books 1968. Deutsch: *Die Entstehung der Arten durch natürliche Zuchtwahl.* Reclams Universal-Bibl. 3071

DARWIN, CHARLES: *The Voyage of the Beagle.* Annotated amd with an introduction by Leonard Engel. Doubleday: Garden City 1962

Eine wunderschöne Ausgabe, mit Bildern, Karten und anderem ergänzenden Material.

EIGEN, MANFRED; SCHUSTER, PAUL: *The Hypercycle.* Springer: Berlin–Heidelberg–New York–London–Tokio 1979
Die aufregende These von der Entstehung des Lebens in selbsterhaltenden und selbststeuernden Kreisläufen; begrifflich, chemisch und mathematisch beschrieben.

EISELEY, LOREN: *The Immense Journey.* Vintage Books: New York 1959
»In an unusual blend of scientific knowledge and imaginating vision, Loren Eiseley tells the story of man.« Die große Frage des Anthropologen und Naturkundlers ist: Woher rührt und wohin führt der plötzliche Sprung in der Entwicklung des menschlichen Gehirns? Sehr schön zu lesen.

V. FÖRSTER, HEINZ: Cybernetics of Cybernetics. In Klaus Krippendorf (Ed.): *Communication and Control in Society,* Conference American Society for Cybernetics, University of Pennsylvania 1974. Gordon and Breach: New York-London-Paris 1978, pp. 5-8
Von einem der Begründer der Kybernetik.

GOULD, STEPHEN JAY: *The Panda's Thumb – More Reflections in Natural History.* W. W. Norton: New York 1980.

JANTSCH, ERICH: *Die Selbstorganisation des Universums.* Carl Hanser Verlag: München 1979. dtv 4397, München 1982. Englisch: *The Self-Organizing Universe.* New York 1980
Der Autor plädiert in diesem Buch für eine neue Sehweise: die Selbstorganisation von Systemen als das dynamische Grundprinzip aller Formen von Evolution, aller Stufen von Leben, aller Erscheinungsformen von Kultur.

JAYNES, JULIAN: *The Origin of Consciousness in the Breakdown of the Bicameral Mind.* Houghton Mifflin: Boston 1976
Nach der These des Autors ist reflektierendes Bewußtsein erst im Zusammenbruch der alten Hochkulturen entstanden. Früher hatte die Stimme des Anführers die Menschen geleitet – als innere Stimme, wenn er abwesend oder gestorben war; bleiben die »Halluzinationen« aus, müssen die Menschen selber entscheiden.

MATURANA, HUMBERTO R.; VARELA, FRANCISCO J.: *Autopoiesis and Cognition: The Realization of the Living.* D. Reidel: Boston 1980
Die beiden Autoren haben eine Theorie autopoietischer Systeme aus ihren Erfahrungen in der Biologie entwickelt, wie Eigen, Jantsch und Prigogine entsprechende Theorien aus ihren Erfahrungen in der Physik und Chemie.

MATURANA, HUMBERTO R.; VARELA, FRANCISCO J.: *Der Baum der Erkenntnis – Die biologischen Wurzeln des menschlichen Erkennens.* Scherz Verlag: München 1987. Englisch: *Tree of Knowledge.* Shambala Press: Berkeley 1987
Lebendige Systeme sind autopoietisch. Ein autopoietisches oder selbstorganisierendes System ist lebensfähig und verständlich nur im Bezug auf sich selbst und auf seine Umwelt.

PFEIFFER, JOHN: *The Emergence of Man.* Harper & Row: New York 1978. Deutsch: *Aufbruch in die Gegenwart – Eine Frühgeschichte der menschlichen Gesellschaft,* Econ/VVA: Düsseldorf 1981

PRIGOGINE, ILYA; STENGERS, ISABELLE: *A Dialogue with Nature.* Doubleday: Garden City 1980. Deutsch: *Dialog mit der Natur.* Pieper: München 1981
Siehe die Bemerkungen zu den Büchern von Eigen, Jantsch sowie Maturana und Varela oben.

L3. Gelebte und erdachte Utopien

ADAMS, DOUGLAS: *The Hitch Hiker's Guide to the Galaxy*. Pan Books: London-Sydney 1979. Deutsch: *Per Anhalter durch die Galaxis*. Ullstein Science Fiction, Ullstein: Frankfurt/Main 1984
Eine hypermoderne Alice im Wunderland.

CALLENBACH, ERNEST: *Ecotopia*. Banyan Tree Books: Berkeley 1975. Deutsch: *Ökotopia*. Rotbuch Verlag: Berlin, 1978
Die drei Weststaaten der USA machen sich selbstständig und gründen einen ökologischen Staat. Raffinierter Wechsel aus Tagebuch und Reportagen, unmögliche Mischung aus Thoreau, Skinner und Sex. Schön um anzufangen, aber einmal lesen reicht.

CALLENBACH, ERNEST: *Ecotopia Emerging*. Bantam Books: New York 1982
Geschrieben für die Zweifler und Verächter, die zum ersten Band sagten: Das ist doch bloße Utopie; praktisch kommt sowas nie zustande. Callenbach beschreibt hier, wie in den 70er und 80er Jahren der Staat Utopia ins Leben kam.

DIAMOND, STEPHEN: *What the Trees Said – Life on a New Age Farm*. Dell Publ.: New York 1971. Deutsch: *Was die Bäume sagen*. Fischer alternativ 4034, Fischer: Frankfurt/Main 1980
Vom Leben in einer Landkommune. Wo die Bäume wirklich sprechen, die Kuh immer wieder in den Garten einbricht, das Geld fehlt – wo nichts organisiert ist und alle alles tun und niemand weiß, wohin es geht, weil es ein ganzes Leben dauert anzukommen.

ENDE, MICHAEL: *Die unendliche Geschichte*. Thienemann 1979
Ein Märchen von Lüge und Phantasie.

FRIEDMAN, YONA: *Utopies réalisables*. Union General d'Editions: Paris 1976. Deutsch: *Machbare Utopien*. Fischer alternativ 4018, Fischer: Frankfurt/Main 1977
Die »kritische Gruppe« Friedmans ist so etwas wie das größtmögliche kleine System einer vorgegebenen Kommunikationsstruktur. Die Utopien Friedmans, auf dieser rein strukturellen Analyse fußend, sind mir zu global – aber nützlich zu lesen und witzig anzuschauen.

V. GIZYCKI, HORST: *Quadratur des Zirkels. Gelebte Utopie – Modelle einer herrschaftsfreien Gesellschaft*. Europäische Verlagsanstalt 1979
Der Autor ist selbst in Kassel (Gesamthochschule) aktiv in solchen Projekten tätig.

V. GIZYCKI, HORST; HABICHT, HUBERT (ED.): *Oasen der Freiheit*. Fischer alternativ 4012, Fischer: Frankfurt/Main 1978
Berichte vieler Autoren über alternative Lebensformen, »Überlebensmodelle« aus der Vergangenheit in aller Welt und aus der Gegenwart im deutschsprachigen Bereich.

GOLDING, WILLIAM: *Lord of the Flies*. Penguin Books 1960. Deutsch: *Der Herr der Fliegen*. Bange (Königs Erl. u. Material 332) 1980
Die unvergeßliche Parabel über die Unmöglichkeit einer humanistischen Demokratie, erzählt als die spannende Geschichte einer Jugendgruppe, die auf einer Südseeinsel notlandet.

HUXLEY, ALDOUS: *Brave New World*. Penguin Books 1955. Deutsch: *Schöne neue Welt*. Fischer Taschenbuch 26, 1982

KINKADE, KATHLEEN: *A Walden Two Experiment*. William Morrow: New York 1973
Twin Oaks in Virginia, wohl die berühmteste amerikanische Landkommune, wurde strikt nach den Prinzipien von Skinners »Walden Two« (siehe unten) gegründet und scheint an ihnen zugrundezugehen. Eine der Gründerinnen beschreibt die Schwierigkeiten und Freuden.

KORCZAK, DIETER: *Rückkehr in die Gemeinschaft*. Fischer alternativ 4053, 1981

ORWELL, GEORGE: *1984*. Harcourt Brace Jovanovich 1949; Signet Classic 1963. Deutsch: *1984*. Ullstein Taschenbücher 3253, 1976; Bange 1979

SKINNER, B.F.: *Walden Two.* Macmillan Publ. 1948. Deutsch: *Futurum Zwei.* Rororo Sachbuch 6791, Rowohlt: Reinek bei Hamburg 1973
Der »Vater der Verhaltenspsychologie« setzt sich mit dem Faschismus auseinander, indem er 1945 diese Utopie schreibt, in der er sich auf Thoreau beruft. Bei allen verführerischen Vorstellungen bleibt Skinner Thoreau fremd und kommt dem Faschismus selber nahe. Ich rate jedem, das Buch zu lesen und sich eine eigene Meinung zu machen.

VONNEGUT, KURT, JR.: *Player Piano.* Avon Books: New York 1952
Eine soziale Utopie, wie alle Bücher von Vonnegut herrlich zu lesen. Es geht um die Entwicklung numerisch gesteuerter Werkzeugmaschinen, aber dabei spielen ein alter Arbeiter, die Ehe des alternden Fabrikdirektors und ein automatisches Klavier (player piano) wichtige Rollen.

L4. Soziales, Politisches, Philosophisches, Psychologisches

ALEXANDER, CHRISTOPHER: *Notes on the Synthesis of Form.* Harvard University Press 1964
Früher lernten die Jungen Kunst und Handwerk von den Alten durch gemeinsames Arbeiten; erst später begann man, Wissen abstrakt zu vermitteln: in Form von allgemeinen Begriffen und von Regeln, um mit den Begriffen umzugehen. Alexander entwickelt in Konsequenz dieser Einsicht ein graphisches Verfahren, um komplexe Systeme darzustellen, ohne sie dabei statisch und damit leblos zu machen.

ARNHEIM, RUDOLF: *Visual Thinking.* University of California Press 1969
Wir nehmen Bewegungen wahr, indem wir uns »im Geist« mitbewegen. Wir verstehen Tätigkeiten, indem wir sie im Geist selber tun. Wir sehen »körperlich«, weil wir selber einen Körper haben.

BALLMER, THOMAS T.: *Zur Gewinnung einer Fundamentalklassifizierung des menschlichen Wissens.* Inter. Classif. Bd. 10, 1983, S. 69-77; Bd. 11, 1984, S. 21-27
Der Autor gruppiert die deutschen Verben nach Aktionsweisen und strukturiert damit das Wissen, wie es sich in der Deutschen Sprache darstellt.

GRASSI, ERNESTO: *Rhetoric as Philosophy.* The Pennsylvania State University Press: University Park 1980
Beweisen ist keine rein rationale Tätigkeit; um zu überzeugen, setzen wir, Wissenschaftler wie Künstler, alle unsere Fähigkeiten ein.

KIEFER, KARL WERNER: *Öko-Tagebuch eines Managers.* Fischer: Frankfurt am Main 1982
Lebenserinnerungen eines Managers, der ökologische Ideen in großen Industriebetrieben einführte.

LUHMANN, NIKLAS: *Soziale Systeme.* Suhrkamp: Frankfurt am Main 1984; stw 666
Über Sinn und Verstehen in der Kommunikation. Luhmann führt autopoietische Systeme in die Soziologie ein und reformiert seine Theorien entsprechend. Schwierig, aber sehr lohnend zu lesen.

PASK, GORDON: *The Limits of Togetherness.* In S.H. Lavington (Ed.): Information Processing 80. North-Holland 1980, pp. 999-1012
Lernende Systeme sind Gesprächspartner. Leider stellt der Autor diese schöne »Konversationstheorie« nicht unterhaltend, sondern übermäßig formal dar.

RYLE, GILBERT: *The Concept of Mind.* Penguin 1949
Unser Geist ist keine Kiste voll mit Begriffen. Wir benutzen Begriffe als Werkzeuge, um uns in der Welt zurechtzufinden, und so entstehen und verändern sie sich. Auf Ryle beruft sich Peter Naur für die Grundlagen seiner Theorie der Programmierung (L5).

SACKS, OLIVER: *The Man who Mistook his Wife for a Hat*. Picador: Pan Books 1985. Deutsch: *Der Mann, der seine Frau mit einem Hut verwechselte*. Rowohlt: Reinbek bei Hamburg, 1987.
In vielen Fällen aus seiner Praxis zeigt der Autor – Neurologe und Psychiater – wie unsere Wahrnehmung und unser Denken von ganz elementaren körperlichen Fähigkeiten abhängen. Erschütternde Geschichten, hinreißend erzählt.

SOHN-RETHEL, ALFRED: *Geistige und körperliche Arbeit – Zur Theorie der gesellschaftlichen Synthesis*. Suhrkamp: Frakfurt/Main: 1972
Die glänzende Fortführung der Marxschen Analyse in Form einer Kritik: Marx hat die Naturwissenschaften unbefragt gelassen und fängt sich darin. Ich finde es zu schwierig zu lesen.

L5. Informatik, Mathematik, Logik

BELADY, L. A.; LEHMANN, M. M.: The Characteristics of Large Systems. In Peter Wegner (Ed.): *Research Directions in Software Technology*. MIT-Press: Cambridge-London 1979
Ein Softwaresystem ist »large«, wenn es nur von mehreren Menschen verstanden und entworfen werden kann. Die Autoren tragen Probleme solcher Systeme zusammen, gestützt auf Daten von Herstellern und Nutzern.

BOOS-BAVNBEK, BERNHELM; PATE, GLEN: Information Technology and Mathematical Modelling, the Software Crisis, Risk, and Educational Consequences. Working paper, Institute for matematik og fysik, Roskilde, Universitetscenter 1989. *Siehe auch den Beitrag in W. Coy et al. 1992 (unten)*
In unserer wissenschaftlich orientierten Welt wird einem die Kompetenz abgesprochen, wenn man technische Entwicklungen aus menschlichen Gründen kritisiert; aber jeder darf technische Systeme produzieren, ohne einen Gedanken an die Folgen zu verschwenden.

CARROLL, JOHN M.: Making errors, Making sense, Making use. In Ch. Floyd, H. Züllighofen et al. 1991 pp. 155-167
Beim Gestalten von Systemen kommen wir oft viel besser ans Ziel, wenn wir unseren Einfällen nachgehen, Fehler machen, nach Sinn fragen als wenn wir strikt nach Plan handeln.

COY, WOLFGANG: Brauchen wir eine Theorie der Informatik? *Informatik Spektrum* Bd. 12, Heft 5, 1989, S. 256-266. Auch in W. Coy et al. 1992 (unten)
Natürlich brauchen wir eine! Eine, in der wir uns um die philosophischen, psychologischen, soziologischen, historischen und didaktischen Grundlagen und Folgen der Informatik kümmern, nicht nur um die mathematischen wie in der Theoretischen Informatik. Ein programmatischer Aufsatz zur Gründung eines Arbeitskreises »Theorie der Informatik« der Gesellschaft für Informatik.

COY, WOLFGANG; NAKE, FRIEDER; PFLÜGER, JÖRG; ROLF, ARNO; SEETZEN, JÜRGEN; SIEFKES, DIRK; STRANSFELD, REINHARD: *Sichtweisen der Informatik*. Vieweg: Braunschweig/Wiesbaden 1992
Informatik ist nicht nur die Wissenschaft der Rechner und Programme. Mit Rechnern und Programmen verändern wir Arbeits- und Lebenszusammenhänge; also müssen wir wissenschaftlich dort ansetzen. So erhalten wir ganz verschiedene Sichtweisen auf die Informatik, und damit von der Informatik auf die Umgebung. Ein Sammelband mit ersten Ergebnissen des Arbeitskreises »Theorie der Informatik« (siehe die voranstehende Arbeit).

DEMILLO, RICHARD; LIPTON, RICHARD; PERLIS, ALAN: Social Processes and Proofs of Theorems and Programs. *Communications of the ACM*, vol. 22, 1979, pp. 271-280
Formale Beweise helfen nicht viel, anderen die Korrekheit unserer Theoreme und Programme klarzumachen; wir müssen anschaulich argumentieren, das Wesentliche herausarbeiten, Vertrauen erwecken und so überzeugen.

DREYFUS, HUBERT L.: *What Computers Can't Do – The Limits of Artificial Intelligence.* Harper Colophon Books: New York 1979 Deutsch: *Die Grenzen künstlicher Intelligenz. Was Computer nicht können.* Athenäum 1985
Computer haben keinen Körper, daher keine Gefühle und keine Werte. Wenn wir mit ihnen arbeiten, müssen wir alles auf die rationale Ebene reduzieren und können nicht mehr ganzheitlich denken.

EHRENFEUCHT, ANDRZEJ: Practical Decidability. *Journal of Computer Systems Science,* vol. 11, 1975, pp. 392-396
Über das Problem »zu großer« Größen in Entscheidungsverfahren für mathematische Theorien. Siehe auch die nächste Arbeit.

ESENIN-VOLPIN, A.S.: Le programme ultra-intuitioniste des fondements des Mathematiques. In *Infinitistic Methods, Proceedings of a Symposium on the Foundations of Math.ematics, Warschau 1959,* Pergamon Press 1961, pp. 201-233
Vorschlag für eine Zahlentheorie, in der es nur endlich viele Zahlen gibt – nicht mehr als ich brauche, zum Beispiel nicht mehr als mein Herz schlagen wird.

FISCH, MAX H.: *Peirce, Semiotic, and Pragmatism.* Indiana University Press: Bloomington 1986
Ausführliche Darstellung des Werkes von Charles Sanders Peirce, eines wenig bekannten Begründers der modernen Logik.

FLOYD, CHRISTIANE: A Systematic Look at Prototyping. In R. Budde, K. Kuhlenkamp, L. Mathiassen, H. Züllighofen (Eds.): *Approaches to Prototyping.* Springer: Berlin–Heidelberg–New York-London-Tokio 1984, pp. 1-18
Der Band gibt eine gute Einführung in den Gebrauch von prototyping in der Informatik.

FLOYD, CHRISTIANE: Outline of a Paradigm Change in Software Engineering. In G. Bjerkness, P. Ehm, M. Kyng (Eds.): *Computers and Democracy – A Scandinavian Challenge.* Gower Publ.: Hampshire 1987, pp. 191-210
Eine programmatische Arbeit zum Wechsel der Sichtweisen in der Informatik: Orientierung auf Prozesse statt auf Produkte, auf Menschen statt auf Maschinen, auf Heilung statt auf Erfolg. Meine Kollegin hat mich durch ihre Arbeit, durch Diskussionen und durch gemeinsame Seminare stark beeinflußt und meinen eigenen Paradigmenwechsel unterstützt.

FLOYD, CHRISTIANE; KEIL, REINHARD: Adapting Software Development for Systems Design with the User. In U. Briefs, C. Ciborra, L. Schneider (Eds.): *System Design for the Users, with the Users, by the Users.* IFIP WG 9.1 Conference Riva del Sol 1982, North-Holland 1983, pp. 163-172
Echte Beteiligung des Benutzers an der Software-Entwicklung führt vom Phasenmodell zum prozeßorientierten Modell, in dem alle Phasen immer wieder durchlaufen werden.

FLOYD, CHRISTIANE; REISIN, FANNY-MICHAELA; SCHMIDT, G.: STEPS in Software Development with Users. In C. Ghezzi, J. McDarmid (Eds.): *ESEC '89 – 2nd European Software Engineering Conference.* Lect. Notes Comp. Sci., vol. 387, Springer: Berlin–Heidelberg–New York-London-Tokio 1989
STEPS – Software-Technik für Evolutionäre Partizipative Systeme, ein Programm an der Technischen Universität Berlin, bei dem Softwaretechnik auf sozialverträgliche Technikgestaltung hin orientiert ist.

FLOYD, CHRISTIANE; ZÜLLIGHOFEN, HEINZ; BUDDE, REINHARD; KEIL-SLAWIK, REINHARD (EDS.): Software Development and Reality Construction. Springer: Berlin-Heidelberg-New York-London-Tokio 1992
28 Autoren aus verschiedenen Disziplinen berichten von einer wundervollen Konferenz. Ob wir ein rechnergestütztes System, eine Konferenz oder einen Arbeitsplatz entwerfen, immer verändern wir dabei die Wirklichkeit und uns selbst, handeln so autopoietisch.

FREGE, GOTTLOB: Sinn und Bedeutung. Zeitschrift für Philosophie und philosophische Kritik, Neue Folge Bd. 100, 1892, S. 25-50. Nachgedruckt in Günter Patzig (Hrsg.): Funktion, Begriff, Bedeutung. Vandenhoek & Ruprecht: Göttingen 1962
Philosophische Arbeiten eines der Begründer der Mathematischen Logik. Mir ist seine Unterscheidung von Sinn und Bedeutung besonders wichtig geworden.

FUCHS-KITTOWSKI, KLAUS; WENZLAFF, BODO: Systems, and Form, Content, and Effects of Information. In K. Fuchs-Kittowski, D. Gertenbach (Eds.): *System Design for Human Development and Productivity: Participation and Beyond,* IFIP WG9.1 Conference Humboldt-Universität Berlin 1986. Akademie der Wissenschaften der DDR 1987
Information ist eine zeitliche Kategorie, keine räumlich existierende Entität. Verschiedene Typen von Systemen bedienen sich verschiedener Arten von Information.

GIBBON, DAFYDD: Language and Software, or Fritzl's Quest. In Ch. Floyd, H. Züllighofen et al. 1991 (oben), pp. 376-390
Programmieren ist Diskurs – mit Texten, die wir Software nennen, als Resultat.

GOGUEN, JOSEPH: Hermeneutics and Path. The Denial of Error. Truth and Meaning beyond Formalism. In Ch. Floyd, H. Züllighofen et al. 1991 (oben), pp. 39-44, 193-202, 353-362
Versenkung im Geiste des Buddhismus und Formalisierung in mathematischen Kalkülen stehen nicht im Gegensatz zueinander, sie sind Ausdruck verschiedener Kulturen. »You need a discipline.«

HOFSTADTER, DOUGLAS R.: *Gödel, Escher, Bach – an Eternal Golden Braid.* Basic Books: New York 1979. Deutsch: *Gödel, Escher, Bach – ein Endloses Geflochtenes Band.* Klett-Kotta: Stuttgart 1984
Kunst und formale Sprachen kunstvoll endlos verflechtend führt der Autor, Physiker und Informatiker, ein in Sinn und Hintersinn der Künstlichen Intelligenz und Mathematischen Logik, des Formalen Denkens überhaupt. Eine wundervolle Einführung in die Logik und eine raffinierte Werbeschrift für die Künstliche Intelligenz.

HOFSTADTER, DOUGLAS R.; DENNET, DAVID C.: *The Mind's I – Fantasies and Reflections on Self and Soul.* Bantam Books: New York 1981
Eine Sammlung von Aufsätzen zu Problemen der Logik und der künstlichen Intelligenz, mit kritischen Kommentaren der Autoren.

JONES, C.B.: Software Development – a Rigorous Approach. Prentice-Hall International 1980

KEIL-SLAWIK, REINHARD: KOSMOS – Ein Konstruktionsschema zur Modellierung offener Systeme als Hilfsmittel für eine ökologisch orientierte Softwaretechnik. Dissertation Techn. Univ. Berlin, FB Informatik 1985
Ganzheitlicher Softwareentwurf im Sinne von Arthur Koestler und Gregory Bateson.

KEIL-SLAWIK, REINHARD: An Ecological Approach to Responsible Systems Development. In Jonathan Jacky, Douglas Schuler (Ed.): Proc. »Directions and Implications of Advanced Computing«. Comp. Professionals for Social Responsibility: Seattle 1987, pp. 70-86
Siehe auch oben die Arbeiten von und mit Christiane Floyd.

KNUTH, DONALD E.: Literate Programming. The Computer Journal vol 27, 1984, pp. 97-111
Unsere Hauptaufgabe ist nicht, dem Rechner beizubringen, was er tun soll, sondern Menschen zu erklären, was wir vom Rechner wollen.

KUBICEK, HERBERT; METTLER-MEIBOM, BARBARA: Alternative Entwicklungspfade der Telekommunikationspolitik – zu den technischen und ordnungspolitischen Plänen der Deutschen Bundespost. Aus Politik und Zeitgeschichte, Beilage zur Wochenzeitung Das Parlament, B 46-47/88, 1988, S. 30-47

LAKATOS, IMRE: *Proofs and Refutations – The Logic of Mathematical Discovery.* Cambridge University Press, Cambridge 1976. Deutsch: *Beweise und Widerlegungen.* Vieweg: Braunschweig/Wiesbaden 1979
Eine Gruppe von Schülern erarbeitet sich mit ihrem Lehrer einen Satz von Euler im Dialog. Jedesmal wenn sie Beweis und Begriffe verstanden zu haben meinen, findet einer ein Gegenbeispiel, sie ändern, fangen neu an. Beim Beweisen wollen wir nicht Wahrheit etablieren, sondern uns und andere überzeugen.

MATHIASSEN, LARS, JAN STAGE: Complexity and Uncertainty in Software Design. University of Aalborg, Dept. Math. Comp. Sci., R 90-08, 1990; (COMPEURO 90)
Spezifikationsmethoden werden von Theoretikern entwickelt, um der Komplexität von Problemen Herr zu werden; sie werden als rational angesehen und meist auch so verwendet. Beim Prototyping geht man experimentell vor; der Praktiker begegnet so der Unsicherheit realer Situationen. Tatsächlich braucht man für ausgewogene Arbeit beides, auch mischt man besser bei beiden Methoden rationales und experimentelles Vorgehen.

NAUR, PETER: Formalization in Program Development. *BIT 22*, 1982, pp. 437-453
Der Autor setzt sich anhand konkreter Beispiele hart mit den bösen Folgen übermäßigen und unnötigen Formalisierens auseinander.

NAUR, PETER: Programming as Theory Building. Euromicro 84; *Microprocessing and Microprogramming vol. 15, 1985*, pp. 253-261
Die Theorie, die Programmierer beim Arbeiten entwickeln, kann man aus den Programmen und Dokumentationen nicht voll ersehen; sie steckt in den Händen und Herzen ebenso wie in den Köpfen.

NOBLE, DAVID F.: *Social Choice in Machine Design – the Case of Automatically-Controlled Machine Tools.* Monthly Review Press 1979. Deutsch: *Maschinen gegen Menschen – Die Entwicklung numerisch gesteuerter Werkzeugmaschinen.* Reihe »Produktion– Ökologie – Gesellschaft«, Heft 1, Alektor-Verlag: Stuttgart 1979
Bei den Werkzeugmaschinen hat die numerische (programmierte) Steuerung die durch »play back« (Mitschneiden handgesteuerter Bewegungen auf Band) verdrängt – nicht weil sie besser wäre, sondern weil so die Kontrolle gänzlich in die Hand der Ingenieure verlagert wird.

NURMINEN, MARKKU I.: *People or Computers: Three Ways of Looking at Information Systems.* Studentlitteratur: Lund, und Chartwell-Bratt 1988
Der Autor unterscheidet zwischen der systemtheoretischen, der soziotechnischen und der humanistischen Betrachtung von Informationssystemen und arbeitet die Vorteile des humanistischen Ansatzes heraus. Schumacher (L6) hätte sich über das Buch gefreut.

PEIRCE, CHARLES SANDERS: Letter to J.M. Hantz, 29 March 1887. The Charles Sanders Peirce Papers, Department of Philosophy, Harvard University. Zitiert nach *The Early History of Computer Design: Charles Sanders Peirce and Marquand's Logical Machines* von Kenneth Laine Ketner, *The Princeton University Library Chronicle*, vol. XLV, no.3, 1984, pp. 187-224

RAMSEY, F.P.: On a Problem of Formal Logic. *Proc. London Math. Soc.* vol. 30, 1929-30, pp. 264-286
Die Existenz »ununterscheidbarer Elemente« in endlichen oder unendlichen »zu großen« Strukturen – im mathematischen Kontext.

RECHENBERG, INGO: *Evolutionsstrategie.* problemata, frommann holzboog 1973
Der Autor verwendet die »Strategie« der Evolution – zufällige Veränderungen eines Objektes und Auswahl des jeweils besten Ergebnisses – als Optimierungsstrategie, um Ingenieurprobleme auf verblüffende Weise zu lösen.

ROLF, ARNO: Sichtwechsel – Informatik als Gestaltungswissenschaft. In W. Coy et al. 1992 (oben)
Die Informatiker sollten, wenn sie Systeme gestalten, balancieren zwischen den »Humanisten«, die nur interpretieren, und den Ingenieuren, die nur konstruieren; nur so können sie die menschlichen Belange wahren.

SIEFKES, DIRK: *Formalisieren und Beweisen – Logik für Informatiker.* Vieweg, Braunschweig-Wiesbaden 2.Aufl. 1992.
Ein Textbuch im Sinne der kleinen Systeme – ist das nicht ein Widerspruch?

SIEFKES, DIRK: Sinn im Formalen? Wie wir mit Maschinen und Formalismen umgehen. In W. Coy et al. 1992 (oben)
Wenn individuelles Lernen denselben Prinzipien folgt wie biologische Evolution – das ist die Theorie von Gregory Bateson (L1) –, wie können wir dann etwas über so tote Dinge wie Maschinen und Formalismen lernen und die Kenntnis weitergeben? Wenn wir sie in kleinen Systemen verwenden, können sie sinnvoll sein und wir können sie wie Lebendiges behandeln. Das gibt eine neue Sichtweise auf die Informatik.

SIMON, HERBERT A: *The Sciences of the Artificial.* MIT Press: Cambridge-London 1969, ^{2}1981
Da die menschliche Intelligenz rational operiert wie ein Computer, muß man gestaltende Disziplinen wie die Wirtschafts- und die Ingenieurwissenschaften, insbesondere die Inforatik, auf rationale Prinzipien gründen.

TAUBE, WOLFGANG: Die Rationalisierung der Softwareproduktion – am Beispiel der Entwicklung der Programmiersprache Ada. Diplomarbeit, Technische Universität Berlin, Fachbereich Informatik 1982
Die Entwickler von Ada verfolgen auf extreme Weise die zwei Hauptideale unserer Zeit: Effizienz und Verläßlichkeit; arbeiten damit konsequent auf große Systeme hin.

TURING, ALAN M.: Computing Machinery and Intelligence. *Mind*, vol. LIX, no. 236, 1950, pp. 433-460. – Auch in Hofstadter und Dennet (L5).
In dieser Arbeit schlägt Turing den berühmt gewordenen Test vor, mit dem man nachprüfen können soll, ob eine Maschine denken kann. Maschinen, die den Test bestehen, soll es bis zum Ende des Jahrhunderts geben.

WIRTH, NIKLAUS: From MODULA to OBERON. The Programming Language OBERON. *Software Praxis and Experience,* vol 18, 1988, pp. 661-690
So wie Donald Knuth ein Textsystem, das seinen Wünschen entspricht, selbst geschrieben hat, entwickelt Niklaus Wirth seinen ganz persönlichen Computer.

L6. Sicht aufs Ganze

BERMAN, MORRIS: *The Reenchantment of the World.* Cornell University Press: Ithaca and London 1981. Deutsch: *Wiederverzauberung der Welt.* Dianus-Trikont: München 1983
Die Wissenschaft hat sich im Übergang zur Neuzeit im Gegensatz zur Alchemie, aber in Verstrickung mit Religion und Politik entwickelt. Berman bringt uns seinen kritischen Standpunkt anschaulich nahe und kontrastiert ihn ebenso lebhaft mit einer ganzheitlichen Sicht.

BOHM, DAVID: *Wholeness and the Implicate Order.* ARK Paperbacks: London 1983
Unser Denken baut auf einem ungebrochenen Erfassen der Welt in allen Bereichen auf. Erfassen wir die Welt atomistisch, erkennen wir nur Fragmente. Gehen wir von impliziten Ordnungen aus, sehen wir die expliziten Ordnungen überall. Die impliziten Ordnungen der Physik sind nicht-cartesisch, sie entfalten sich zur Relativitätstheorie und Quantenmechanik als speziellen, einander widersprechenden Weltsichten.

CAPRA, FRITJOF: *The Tao of Physics*. Shambala: Berkeley 1975. Deutsch: Der kosmische Reigen. Barth 1977
Die beste Einführung in östliche Philosophie und westliche Kernphysik und die Gemeinsamkeiten ihrer Sprache. Von einem Kernphysiker, der den Zen-Buddhismus kennenlernt, und von da ab in beiden Bereichen gleichzeitig arbeitet.

DILLARD, ANNIE: *Holy the Firm*. Bantam Books: New York 1979
Eine leidenschaftliche, grimmige Reflektion über Zufall und Notwendigkeit, über das, was Menschen tun und was Gott von ihnen verlangt. Nicht so klar und weit gesteckt wie »Pilgrim at Tinker Creek« (L1), aber mitreißend.

DILLARD, ANNIE: *Teaching a Stone to Talk – Expeditions and Encounters*. Harper Colophon Books 1982
Annie Dillard begegnet im Natürlichen dem Übernatürlichen und hebt so den Gegensatz auf. Sie blickt beim Rasten einem Wiesel ins Auge, ein Nachbar versucht einem Stein das Sprechen beizubringen, auf den Galapagos-Inseln entrinnt sie der Zeit, in der Arktis gibt es keinen Horizont – so füllt sie unsere Welt mit Wundern.

FEYERABEND, PAUL: *Against Method*. New Left Books 1975. Deutsch: *Wider den Methodenzwang*. Suhrkamp: Frankfurt/Main 1976, ^{2}1983
Wie sich Wissenschaft in den Augen eines wissenschaftlichen Aufrührers entwickelt: nach menschlicher Lust und Macht, nicht nach wissenschaftlichen Gesetzen. Belegt durch ausführliche historische Untersuchungen, mitreißend geschrieben.

FEYERABEND, PAUL: *Erkenntnis für freie Menschen*. Suhrkamp: Frankfurt/Main 1981
Programm für einen demokratischen Wissenschaftsbetrieb, eine herausfordernde Utopie.

FEYERABEND, PAUL: *Wissenschaft als Kunst*. Suhrkamp: Frankfurt/Main 1984
Wissenschaft wie Kunst entwickeln sich nicht logisch, sondern in einer Folge von Stilen, die nicht aus sich zu erklären sind.

FLORMAN, SAMUEL: *The Existential Pleasures of Engeneering*. St. Martin's Press: New York 1976
Eine leidenschaftliche Verteidigung der Freuden des Ingenieurberufes. Der Angriff auf die romantischen Kritiker des Ingenieurs beginnt mit einer guten Analyse, aber verläuft sich dann in romantischem Lobpreis des Berufes.

FROMM, ERICH: *Haben oder Sein*. Deutsche Verlagsanstalt: Stuttgart 1976. English: *To Have or to Be*. Harper & Row: New York 1976
Im Habenmodus sind wir auf Dinge fixiert, wir wollen Besitz, Macht, Wissen erreichen, während uns Gier, Angst, Vorurteile im Griff haben. Im Seinsmodus achten wir auf Menschen, wir handeln im Einklang mit ihrem Wollen und Werten, Denken und Fühlen.

HOFF, BENJAMIN: *The Tao of Pooh*. E. P. Dutton 1982. Deutsch: *Tao Te Puh*. Synthesis: Essen 1984
»... die Lehren des Tao durch Puh den Bären erklären und Puh den Bären durch die Lehren des Tao« und dabei lernen, daß die Welt einfacher ist, als die Wissenschaftler uns glauben machen wollen.

MCROBIE, GEORGE: *Small is Possible*. Harper & Row: New York 1981
»A factual account about who is doing what, where, to put into practice the ideas expressed in E.F. Schumacher's »Small is Beautiful«.« Von einem Mitarbeiter Schumachers in der Intermediate Technology Development Group.

PIETSCHMANN, HERBERT: *Das Ende des naturwissenschaftlichen Zeitalters*. Paul Zsolnay: Wien-Hamburg 1980

PIRSIG, ROBERT: *Zen and the Art of Motorcycle Maintenance.* Bantam Books: New York, 1975, Deutsch: *Zen und die Kunst ein Motorrad zu warten.* Fischer Taschenbuch 2020, Fischer: Frankfurt/Main 1980
Der Autor, Informatiker, erzählt von einer Motorradfahrt mit seinem Sohn. Verfolgt dabei den Geist des rationalen Denkens zurück zu den Griechen und über Poincaré hin zu unserer Technikgläubigkeit. Verliert auf der Jagd nach Qualität fast seinen Sohn und sich. Ich mag das Buch, streite mich mit ihm, lerne immer wieder.

REICH, CHARLES A.: *The Greening of America.* Penguin Books 1971
Reich unterscheidet zwischen dem (schwindenden) Bewußtsein des amerikanischen Siedlers, dem (vorherrschenden) des Organisationsgläubigen und dem (aufdämmernden) des ökologisch Engagierten. Wenn auch nicht annähernd so tief wie Wendell Berry, hat Reich doch die ökologische Bewegung in den USA mit in Gang gebracht und nachhaltig beeinflußt.

SCHUMACHER, E.F.: *Small is Beautiful.* Abacus: London 1974. Deutsch: *Die Rückkehr zum menschlichen Maß.* Rowohlt: Reinbek bei Hamburg 1977
Schumacher hat sein Leben lang in Reden und praktischen Arbeiten die Gedanken Thoreaus und Leopolds im wirtschaftlichen und technischen Bereich verfochten: Nicht nur die Entwicklungsländer, wir alle brauchen eine Technik, die unseren Bedürfnissen angemessen ist. Gut zu lesen; noch besser zu tun.

SCHUMACHER, E.F.: *A Guide for the Perplexed. Perennial* Library 1979. Deutsch: *Rat für die Ratlosen.* Rowohlt: Reinbek bei Hamburg 1979
»A Manual for Survival, concerned not merely with individual physical or even societal endurance (though that, too), but more importantly with the full realization of human potential.« Christlicher Humanismus, nicht als Religion, sondern im Geist kleiner Systeme.

SCHUMACHER, E.F.: *Good Work.* Harper Colophon Books: New York 1979. Deutsch: *Das Ende unserer Epoche.* Rowohlt: Reinbek bei Hamburg 1980
Einige spätere Vorträge Schumachers sowie eine Zusammenfassung seines Lebenswerkes und der beiden vorigen Bücher. Kritisch ergänzt in einem langen Epilog »The Making of Good Work« seines Mitarbeiters Peter N. Gillingham.

TUIAVII: *Der Papalagi – Die Reden des Südsee-Häuptlings Tuiavii aus Tiavea.* Tanner & Staehelin: Zürich 1980
Wer Schwierigkeiten mit der Sprache der kleinen Systeme hat, der lese dieses Buch: der Süd-seehäuptling betrachtet alles, was wir tun, mit solcher Verwunderung, daß beim Lesen alle Wörter sich schütteln und neu klingen.

VESTER, FREDERIC: *Unsere Welt – ein vernetztes System.* Klett-Cotta: Stuttgart 1978
Das Buch zu der Ausstellung – mit vielen Bildern und einfachen Texten.

Watzlawick, Paul: *Die erfundene Wirklichkeit.* Piper: München 1981.
Schafft sich das Denken die Welt, die es wahrnimmt, oder schafft sich die Welt das Denken, das sie denkt? Ein Sammlung von Aufsätzen aus allen Bereichen.

L7. Schreiben, Literatur, Poesie

BERRY, WENDELL: *Farming – A Hand Book.* A Harvest Book: New York 1967
»Poems of the Mad Farmer.« »The grower of trees, the gardener, the man born to farming, whose hands reach into the ground and sprout, to him the soil is a divine drug. He enters into death yearly, and comes back rejoicing.«

BIERHORST, JOHN (ED.): *In the Trail of the Winds – American Indian* Poems and Ritual Orations. Laurel Leaf Library, Dell Publ.: New York 1975

CONNOLLY, PAUL; VILARDI, TERESA (EDS.): *The Role of Writing in Learning Mathematics and Science.* Teachers College Press: Columbia University 1988
Warum sind naturwissenschaftliche Arbeiten im allgemeinen so bedrückend langweilig zu lesen? Warum fürchten sich so viele Studenten (und nicht nur Studenten) vor dem Schreiben? Methoden, die für Englisch-Studenten entwickelt wurden – wie »Freies Schreiben« und »Lernen durch Schreiben« (siehe das Buch von Zinsser weiter unten) – können auch bei Naturwissenschaftlern Wunder wirken. Sie können lernen, daß Schreiben Spaß macht.

DILLARD, ANNIE: *Tickets for a Prayer Wheel.* Harper & Row: New York 1974
Frühe Gedichte.

HYDE, LEWIS: *The Gift – Imagination and the Erotic Life of Property.*
Eine Gabe kann ich nicht kaufen; behalte ich sie, wird sie zu Stein; gebe ich sie weiter, kehrt sie verwandelt zurück; ich kann nicht mit ihr rechnen, aber ich darf ihrer Wirkung trauen; sie stellt Verbindungen her und schafft kleine Systeme. Der Autor wendet seine Theorie auf die Dichtungen von Walt Whitman und Ezra Pound an.

V. KLEIST, HEINRICH: *Über die allmähliche Verfertigung der Gedanken beim Reden.* Werke, 5.Teil. Deutsches Verlagshaus Bong & Co: Berlin-Leipzig-Wien-Stuttgart (ohne Jahr)
»Und siehe da, wenn ich mit meiner Schwester davon rede, welche hinter mir sitzt, und arbeitet, so erfahre ich, was ich durch ein vielleicht stundenlanges Brüten nicht heraus gebracht haben würde.«

KNUTH, DONALD E.; LARABEE, TRACY; ROBERTS, PAUL M: Mathematical Writing. *Math. Assoc. America Notes*, no. 14, 1989
Methoden, um angenehm lesbare und verständliche mathematische Texte zu schreiben.

LEWIS, C. DAY: *The Poetic Image.* J. Cape: London 1947; J.P. Tarcher: Los Angeles und Houghton Mifflin: Boston, 1984
Das Land der Dichter und das Land der Kritiker sind Spiegelbilder voneinander, so gegensätzlich und so innig verbunden. Vor diesem Hintergrund malt der Autor ein kritisches Bild der Weisen, mit denen Dichter in uns Bilder hervorzaubern können.

LEWIS, C. S.: *An Experiment in Criticism.* Cambridge University Press 1961
Was würde geschehen, wenn jeder die schöne Literatur nach seiner eigenen Wertung statt nach ewigen Werten beurteilen dürfte? Nicht die Bücher sind gut oder schlecht, sondern was ich mit ihnen mache, und sie mit mir.

MAIMON, ELAINE P. et al.: *Writing in the Arts and Sciences.* Winthro:p Cambridge 1981

ZINSSER, WILLIAM: *Writing to Learn.* Harper & Row: New York 1988
Beim Schreiben bringen wir nicht nur unsere Gedanken zu Papier, sondern wir entwickeln sie erst. So lernen und entwickeln wir uns durchs Schreiben. Kleist (siehe oben) hat dasselbe schon übers Reden gesagt. Probieren Sie es! Der Autor geht mit viel schlagenden Beispielen und persönlichen Geschichten alle Disziplinen durch.

Ersterscheinungshinweise

Nur kleine Systeme entwickeln sich

Zuerst erschienen als:

Only small systems evolve. In: P. Doherty, K.Fuchs-Kittowski, P. Kolm, K. Mathiassen (Hrsg.), *System Design for Human Development and Productivity: Participation and Beyond.* IFIP WG 9.1 Conference Humboldt Universität Berlin. S. 177-185, Amsterdam: North Holland 1987.

Kleine Systeme

Zuerst erschienen in:

Technische Universität Berlin, Bericht des FB Informatik Nr. 82-14, 1982. Überarbeitete und erweiterte Fassung in englisch: Small Systems. Purdue University, Dept. of Computer Science Report CSD-TR 435, 1983.

Ungelogene logische Geschichten

Zuerst erschienen in:

Technische Universität Berlin, Bericht des FB Informatik Nr. 85-18, 1985. Auch in: *Sprache im Technischen Zeitalter,* Bd.103, 1987, S. 2222-239.

Formalisieren und Verstehen – Was können Logiker und Informatiker voneinander lernen?

Ursprüngliche Fassung:

Formalizing and Understanding – What can Logicians and Computer Scientists Learn from Each Other? Unveröffentlichtes Manuskript eines Vortrags auf dem Symposium »Logik in der Informatik«, Karlsruhe 1987.

WIE SOLLEN WIR ÜBER BEWEISE UND PROGRAMME REDEN?

Zuerst erschienen als:

How to communicate proofs or programs. Technische Universität Berlin, Bericht des FB Informatik Nr. 88-22, 1988, 24 pp. Auch in: Ch. Floyd, H. Züllighofen, R. Budde, R. Keil-Slawik (Hrsg.): *Software Development and Reality Construction.* S. 140-154. Berlin-Heidelberg-New York-Tokio: Springer-Verlag 1992

BEZIEHUNGSKISTE *MENSCH – MASCHINE*

Zuerst erschienen in:

Sprache im Technischen Zeitalter, Bd.112, 1989, S. 332-343. Auch in: Gero von Randow, Hrsg.: *Das kritische Computerbuch.* Grafit-Verlag: Dortmund, 1990, S. 90-110

THEORIEBILDUNG ALS DAS GESTALTEN MIT PROTOTYPEN

Ursprüngliche Fassung

Prototyping is Theory Building. Unveröffentlichtes Manuskript eines Vortrags, IFIP WG9.1 Conference »Information System, Work and Organization Design«, Humboldt-Universität Berlin 1989

WENDE ZUR PHANTASIE – ZUR THEORIEBILDUNG IN DER INFORMATIK

Zuerst erschienen als:

Technische Universität Berlin, Bericht des FB Informatik Nr. 90-17, 1990. Auch in: A. Reuter, Hrsg.: *GI – 20. Jahrestagung*, Stuttgart; Bd. I. Springer: Berlin Heidelberg New York 1990, S. 242-255. Auch in: *Sprache im Technischen Zeitalter*, Bd. 116, 1990, S. 330-345

DER WISSENSCHAFTLER UND SEINE VERANTWORTUNG

Unveröffentlichtes Manuskript, 1980

WARUM MACHT UNS FORMALES ANGST?

Zuerst erschienen in:

Weiterbildung und Medien, Heft 4/1991, S.30-31.

GPSR Compliance

The European Union's (EU) General Product Safety Regulation (GPSR) is a set of rules that requires consumer products to be safe and our obligations to ensure this.

If you have any concerns about our products, you can contact us on ProductSafety@springernature.com

In case Publisher is established outside the EU, the EU authorized representative is:

Springer Nature Customer Service Center GmbH
Europaplatz 3
69115 Heidelberg, Germany

Batch number: 10577936

Printed by Printforce, the Netherlands